智慧鄱阳湖
关键技术

许小华　雷声　张秀平　李文晶　等　编著

中国水利水电出版社

www.waterpub.com.cn

·北京·

内 容 提 要

本书主要介绍智慧鄱阳湖关键技术的概念、原理、实现方法和应用。全书共分 11 章，主要内容有：鄱阳湖概况、智慧鄱阳湖总体架构、鄱阳湖天空地立体化监测技术、鄱阳湖大数据与信息共享服务云平台技术、鄱阳湖三维虚拟仿真技术、智能决策支持技术、水旱灾害数值模拟技术、鄱阳湖智能管理技术、鄱阳湖移动智能管护技术等。

本书可供从事水利信息化工作的技术人员参考。

图书在版编目（CIP）数据

智慧鄱阳湖关键技术 / 许小华等编著. -- 北京：中国水利水电出版社，2022.12
ISBN 978-7-5226-0885-3

Ⅰ．①智… Ⅱ．①许… Ⅲ．①智能技术－应用－鄱阳湖－治理 Ⅳ．①TV882.954-39

中国版本图书馆CIP数据核字（2022）第137250号

审图号：赣 S（2019）062 号

书　　名	**智慧鄱阳湖关键技术** ZHIHUI POYANG HU GUANJIAN JISHU
作　　者	许小华　雷声　张秀平　李文晶　等 编著
出版发行	中国水利水电出版社 （北京市海淀区玉渊潭南路 1 号 D 座　100038） 网址：www.waterpub.com.cn E-mail：sales@mwr.gov.cn 电话：（010）68545888（营销中心）
经　　售	北京科水图书销售有限公司 电话：（010）68545874、63202643 全国各地新华书店和相关出版物销售网点
排　　版	中国水利水电出版社微机排版中心
印　　刷	天津嘉恒印务有限公司
规　　格	170mm×240mm　16 开本　13.5 印张　265 千字
版　　次	2022 年 12 月第 1 版　2022 年 12 月第 1 次印刷
印　　数	0001—1000 册
定　　价	**85.00 元**

随着信息技术的高速发展，从国家战备到各行业层面都大力推进大数据、云计算、物联网、移动互联网和人工智能等技术创新和深入应用，信息化发展正酝酿着重大变革和新的突破。提高社会治理智能化水平，契合当今时代信息化、智能化快速发展的实际，是立足时代前沿、把握发展大势、带领人民共创美好未来的具体体现。现代水利要持续强化网络安全，继续推进资源整合共享，加快建设重点工程，积极推动"数字水利"向"智慧水利"的转变。2018年中央一号文件《中共中央　国务院关于实施乡村振兴战略的意见》提出："大力发展数字农业，实施智慧农业林业水利工程，推动物联网试验示范和遥感技术应用。"2018年全国水利厅局长会议对智慧水利建设进行了部署，水利部安排信息中心牵头编制智慧水利总体方案。智慧水利旨在应用大数据、云计算、物联网、移动互联网和人工智能等新一代信息技术，实现对水利对象及活动的透彻感知、全面互联、智能应用与泛在服务，从而促进水治理体系和能力的现代化。基于"智慧水利"建设试点，江西省积极推进"智慧水利"产业发展，先后开展了智慧防汛、智慧河湖、智慧抚河等项目。

鄱阳湖作为我国最大的淡水湖泊，在调节长江水位、涵养水源、改善当地气候和维护周围地区生态平衡等方面都起着巨大的作用。建设鄱阳湖生态经济区，保护鄱阳湖"一湖清水"是党中央、国务院赋予江西人民光荣而艰巨的历史使命。因此，以鄱阳湖为研究对象，开展智慧鄱阳湖关键技术研究，结合信息化手段在水旱灾害、水生态环境、水资源、水土保持、水政执法、湖泊管理、水利工程、农村供水等方面进行综合研究，对于积极推动江西省智慧水利建设进程有着重要的作用和意义。

本书在结合近年来鄱阳湖研究成果基础上，对湖区的监管技术进行了深入研究，先后开展了数字鄱阳湖前期研究、鄱阳湖地理信息系统、鄱阳湖三维信息查询与展示、鄱阳湖流域生态数据库与信息共享服务平台等相关技术研究，并取得了一定的成效。目前的研究成果都比较分散、孤立，仅是对鄱阳湖的某一方面进行有针对性的研究，成果之间缺少信息共享，信息互通，缺少一个全面的系统将各类研究进行互联互通。因此，利用物联网、遥感、大数据、云计算、GIS、水利专业模型、人工智能、移动互联网、移动智能终端、虚拟现实等先进技术，在充分考虑和利用现有建设成果基础上，以鄱阳湖生态环境保护与综合管理为需求，以提高现代化管理水平为目标，围绕建设"智慧鄱阳湖"信息平台的任务，研究"互联网＋湖泊"的新理念和新模式，实现用"互联网＋"思维保护和管理鄱阳湖。探讨"天－空－地"立体化监测技术在鄱阳湖监测的应用，建立全方位的信息网络，加强管护力度，其监测数据为鄱阳湖大数据建设提供支撑；研发大数据云平台技术，结合三维可视化与虚拟仿真技术，实现资源信息上互联互通、充分共享，视觉效果上清晰和直观；利用移动智能终端技术，研发移动应用软件，提升工作效率；按照"统一标准、统一平台、统一建设"的理念，开展鄱阳湖决策支持和智能管理系统建设，包括鄱阳湖智能决策支持系统，鄱阳湖湖长制智能管理系统，鄱阳湖采砂智能监管系统等。通过对智慧鄱阳湖关键技术的研究，并将工作中形成的部分成果、经验整理成册，助力智慧鄱阳湖建设，推进智慧水利向更高层次的发展，为同行提供借鉴和帮助。

全书共分为 11 章。第 1 章，介绍了智慧鄱阳湖研究的意义、相关研究进展与趋势等。第 2 章，介绍了鄱阳湖相关基础知识。第 3 章，介绍了智慧鄱阳湖的设计思路、总体架构、研究内容和关键技术等内容。第 4 章，主要介绍天空地立体化监测体系，分别介绍遥感监测技术、无人机监测技术和地面监测技术在鄱阳湖区中的具体应用。第 5 章，分析了大数据与云计算平台的核心技术，根据平台需要，介绍了如何搭建大数据平台和云计算平台，探索了大数据与云计算技术在鄱阳湖生态环境信息共享服务云平台中具体的应用。第 6 章，介绍了三维建模技术、VR 技术、360 度全景技术、AR 增强现实技术等，用实例展示了相关技术的具体应用。第 7 章，介绍了智能决策支持和人工智能相关技术，以鄱阳湖防汛抗旱智能决策支持系统为实例进行阐述。第 8 章，介绍了常用水利数值模拟模型，并从洪水风险分析和旱情研判两个方面介绍了相关模型在实践中的具体应用。第 9 章，介绍了智能管理技术的基本概念，以湖长制、采砂智能监管和堤防标准化三个系统为实例阐述了智能管理的具体应用。第 10 章，介绍了 Android 和 iOS 相关基础知识，将客户端开发技术运用到实际中，并对智慧鄱阳湖中的移动端 App 的相关系统进行了阐述。第 11 章对全书进行了总结，并对一些问题研究提出了展望，希望能对后续研究有所借鉴。

本书具体编写人员包括许小华、雷声、张秀平、李文晶、黄萍、周信文、李亚琳、鄢煜川、李德龙、胡明涛等。第 1 章由许小华、雷声、张秀平编写，许小华统稿；第 2 章由许小华、雷声、黄萍编写，许小华统稿；第 3 章由许小华、雷声、张秀平、胡明涛编写，许小华统稿；第 4 章由张秀平、黄萍、周信文编写，张秀平统稿；第 5 章由许小华、雷声、李文晶、胡明涛编写，许小华统稿；第 6 章由许小华、张秀平、黄萍、周信文编写，许小华统稿；第 7 章由许小华、雷声、张秀平、李文晶编写，许小华统稿；第 8 章由李亚琳、张秀平、黄萍、李德龙编写，张秀平统稿；第 9 章由许小华、鄢煜川编写，许小华统稿；第 10 章由许小华、张秀平编写，许小华统稿；第 11 章由许小华、张秀平、李文晶、黄萍、周信文编写，许小华统稿。本书最终由许小华定稿。

本书的研究工作得到了"数字鄱阳湖前期研究"（编号：200906）、"鄱阳湖地理信息系统研究"（编号：200912）、"利用遥感技术研究鄱阳湖湿地蒸散发"（编号：200907）、"鄱阳湖流域生态调度研究"（编号：201101041）、"鄱阳湖水利信息三维展示与查询系统研究"（编号：KT201308）等项目课题的资助。本书在编撰过程中，得到江西省水利厅、江西省水利科学院的领导和同事的大力支持，凝聚了江西省水利科学院智慧水利科研创新团队成员的汗水并得到了相关人员的大力协助。在此一并表示最衷心的感谢！

由于作者知识和经验的不足，加之时间仓促，书中不妥之处敬请读者批评指正。

作者

2022 年 12 月

目　录

第1章

绪　　论

1.1　研究背景

鄱阳湖是国际重要湿地，是长江干流重要的调蓄性湖泊，在长江流域发挥着巨大的调蓄洪水和保护生物多样性等特殊功能，是我国十大生态功能保护区之一，也是世界自然基金会划定的全球重要生态区之一，对维持区域和国家生态安全具有重要作用。

但是，目前鄱阳湖流域的人口、资源和环境条件十分严峻。随着鄱阳湖流域经济的快速发展、工业化和人口增长，在人为和自然条件作用下，鄱阳湖流域生态环境形势严峻。20世纪80年代开始的破坏式的土地开发利用，导致鄱阳湖流域原有的水利功能破坏。围湖造田使得鄱阳湖水面在30年内缩减了24%。围垦使湖区湿地面积萎缩、上游水土流失加剧、湖泊泥沙淤积加剧，加上全球气候异常的因素，水旱灾害频率加快、程度加重。鄱阳湖水体富营养化、水质污染风险依然较高。鄱阳湖生态退化状况也令人担忧，危害了鄱阳湖区域动物和鸟类赖以生存的湿地自然环境，造成生态多样性骤减。鄱阳湖生态环境保护压力更加突出，综合考评体系尚未建立，宏观统筹机制仍然存在障碍，保护"一湖清水"的压力不断增大。

因此，面对机遇和挑战，必须转变观念，调整治水思路，从社会、经济和资源、环境协调发展的角度来思考水问题，寻找治水对策；从以水利工程建设为主要手段、保障人类经济社会发展的工程水利阶段，向以水资源优化配置、节约保护为重点的现代数字水利阶段转变，以保障鄱阳湖流域水利与社会经济的协调发展，为实现流域社会经济可持续发展提供保障。国内外的实践证明，流域水利信息化的效益是巨大的。发达国家的数字流域建设与流域管理现代化紧密结合，从数字化、建模、系统仿真到虚拟现实，经历了不到30年的时间。在这个不长的历史阶段，现代科学技术在传统水利上的应用得到了充分的体现，而革新的水利管理方式在各个国家现代化、经济发展和环境治理中发挥了重大作用。

目前，鄱阳湖保护与管理的信息化建设还存在诸多问题：①信息资源不足。除了少数市（县）外，从整体上看，基于多源大数据的信息采集系统不健全、不配套，与鄱阳湖流域各项工作的整体需求不相适应。②信息共享困难。由于标准滞后、不配套、修改频繁，各种信息基础设施与共享机制不健全、机制不配套，导致信息利用率低，社会化服务与产业化程度较低，造成了"数据饥渴"和"数据闲置"并存的现象。主要表现在：服务目标单一，导致条块分割；标准规范不全，形成数字鸿沟；共享机制缺乏，产生信息壁垒；存在"多头管水"等体制问题，跨部门信息共享难度更大。③缺乏智能决策的方法和手段。鄱阳湖流域的综合管理还缺乏有效的智能决策方法和手段，虽然个别机构已经研究开发了一些决策支持系统，但是决策应用模块缺乏通用性、系统依赖性大。水利模型参数不能及时得到更新，导致模型系统的运用效率和精度不高。信息资源利用的深度和广度不够，缺少基于信息资源的综合分析和决策系统支持，智能决策的能力和有效性有限。

随着3S技术、可视化与虚拟现实技术、大数据、物联网、数字孪生等新兴技术的发展，智慧鄱阳湖是现代信息技术与传统水利行业深度融合后产生的新概念。在当今智慧水利的大背景下，结合鄱阳湖内严峻的形势和江西省经济开发战略的需要，开展智慧鄱阳湖关键技术研究已成为提高鄱阳湖区现代化管理水平的必由之路。把握好当前时代的治水新思路，针对鄱阳湖存在的问题展开深入研究，为打造智慧鄱阳湖工程建设奠定技术基础，为鄱阳湖生态经济区建设、保持鄱阳湖"一湖清水"提供科技支撑。

1.2　研究意义

鄱阳湖受到各级政府的重视和社会各界人士的关注，新治水思路要求把水利信息化放在重要位置，对直观快捷地掌握和了解鄱阳湖提出了新要求。全面系统了解鄱阳湖整体功能结构、地形状况，正确掌握鄱阳湖区不同水位下鄱阳湖淹没区域、自然保护区和风景区、水文、水资源、水生态、水环境、水利工程等信息，开展鄱阳湖动态监测、智能管理，为鄱阳湖的研究和开发利用提供科学指导，具有重要的学术价值和实际应用意义。

智慧鄱阳湖是水利信息化发展的高级阶段，是实现湖泊现代化的关键，贯穿于水旱灾害防御、水资源配置、水环境保护与水利管理服务等体系，具体体现为"物联感知、互联互通、科学决策、智能管理"。即通过对水文、工情以及管理等信息的感知，借助互联网实现各类信息的全面共享与互联互通，利用数据挖掘、仿真模拟、决策分析、自动控制等技术实现防洪治涝、水资源高效利用、水生态环境保护以及现代化水利行业管理服务等领域科学预测预警、评估决策，从而全面提高水利精细化管理能力和水平，提升对自然灾害、突发事件的应急决策能力，提升科学管理水平，带动水利现代化进程。

智慧鄱阳湖的建设，将开启鄱阳湖智慧管理新时代。以信息化为表现的智慧鄱阳湖将实现鄱阳湖管理的科学化、经济化和效益最大化，为社会经济稳定、长足发展提供有力支撑和保障。智慧鄱阳湖的建设，可推动水利行业管理能力跨越式发展。通过全面、高效、完善的智能化鄱阳湖管理体系的建设，推动江西省实现水利综合业务的规范化、标准化、精细化、移动化管理，有助于不断提高水旱灾害、水资源配置、水环境保护与水管理服务等行业管理能力。智慧鄱阳湖的建设，可实现鄱阳湖智慧化决策。准确及时的防汛抗旱指挥决策和科学合理的水资源调度配置，对保障区域社会经济发展和人民生命财产安全具有至关重要的意义。智慧鄱阳湖的建设利用水利专业模型和新一代信息化技术，构建科学高效的指挥决策体系，可为上层管理者提供及时、科学的决策依据，提升全局指挥调度能力，实现区域水利智慧化决策指挥。智慧鄱阳湖将强化水利民生服务能力，以促进经济发展、改善人民生活、保护生态环境为出发点，通过构建公众信息服务体系，着力解决人民群众最关心、最直接、最现实的水利问题，可为公众提供便捷的水利信息服务，可强化水利民生服务能力；将助力"智慧城市"可持续发展。智慧鄱阳湖是智慧水利的具体体现。智慧水利是"智慧城市"的重要组成部分，能够辅助决策，减少区域洪涝灾害损失、提高水资源利用效率、保障水利工程安全运行，能充分发挥水利民生服务能力，为城市的健康发展提供快捷、直接、有效的信息。

1.3 相关研究进展

随着城市信息化应用水平不断提升，"智慧城市"建设应运而生。通过"智慧城市"建设，实现城市信息无限共享、智能无处不在、创新共同参与、市民和谐共建。"智慧城市"将成为城市未来发展趋势，而智慧水利建设是重要民生工程，也是智慧城市的重要组成部分，其"物联感知、互联互通、科学决策、智能管理"的建设目标是水利未来发展的重要趋势。随着信息化技术的不断演进和发展，知识社会逐步来临，驱动当今社会变革的不仅仅是无所不在的网络，还有无所不在的计算、无所不在的数据、无所不在的知识。大数据、云计算、物联网、"互联网＋"等先进信息技术及思想的不断发展和应用，为"智慧水利"的快速发展改革提供了强有力的技术支撑。

1.3.1 国外研究现状

发达国家对智慧水利研究相对较早,在研究内容上也相对更丰富。与国内快速发展的形势相比,国外从经验模式到智能自控模式的转变经过了一个较长的探索和发展历程。信息化在国外的发展应用,除了在水系统本身,还延伸到用户用水量预测、分析等服务。例如欧盟资助的 iWIDGET 智慧水利项目,其研究内容不仅仅是在水系统方面的技术,更在于用户消耗水量的数据分析,分析不同类型用水的实时数据、获得为提高水费发票精准度和灵活性的信息、基于数据分析获取的消费趋势等。

以色列政府主要在以下几个方面开展了大量工作,包括节水和提高水的利用效率、改善地下水的提纯水平与净化质量、提高废水处理能力、循环用水、改善海水淡化能力并降低成本。在智慧水利领域涌现出诸多应用产品,如优化城市给水系统、基于大数据统计算法的管网实时检测云端服务平台、水体中细菌含量实时检测等。

加拿大城市卡尔加里通过大数据管理城市防洪,提供河流系统的高度一览图,实时掌握流量与水位,并能够细化重要区域的详情。基于洪水风险的预测,卡尔加里就能完成分流,有效地为防洪排涝提供技术支持。由新西兰奥克兰民防部门组织研发的智能手机 App,可以在诸如海啸、暴风和地震等自然灾害发生之前,向用户发出预警。这套 App 的数据与奥克兰民防部门官网同步,可以实时更新具体区域的信息,信息的细化程度可以涵盖具体路段封锁、洪水、滑坡和大风等方面。

力士研究(Lux Research)所做的一份水领域 IT 市场调查显示,2020 年水领域 IT 的市场规模和投入将至少是 2009 年的十倍,从 2009 年的 5.3 亿美元增加到 2020 年的 163 亿美元。所谓水领域 IT,很多都属于智慧水利的范畴。而如果能在智慧水利上取得突破,无疑有助于更好地利用和保护水资源,也将为社会可持续发展做出积极而深远的贡献。

1.3.2 国内研究现状

我国智慧水利建设还处于实践探索阶段,各地都从自身水资源特点和实践需求出发建设各具特色的智慧湖泊。为推动数字水利向智慧水利转变,作为新型智慧城市部际联络工作组成员单位,近年来水利部积极参与促进智慧城市健康发展相关工作,推进水利行业智慧水利建设,全国其他一些流域、地方也陆续开展了一些局部性、试点性的智慧水利建设。

2012 年全国首个"水利部物联网技术应用示范基地"成立后,我国水利信息化建设正在以飞快的速度发展,广东、江苏、浙江、福建等地智慧水利项目纷纷上马。2013年10月，广东省水利厅与广东联通签署战略合作协议，双方共建"智慧水利"无线应用平台。通过组建全省水利"三防"联通集群网，将水利门户、综合办公、三防决策、视频监控、会商调度、小水库监管等重点水利信息系统部署于智能手机终端上，实现水利业务信息随时随地移动查询处理和三防应急视频会商调度。

江苏省无锡市实施的"感知太湖、智慧水利"项目，利用先进的物联网技术，对太湖水质、蓝藻、湖泛等进行智能感知，可实现对蓝藻打捞、运输车船等的智能调度，有效提升了蓝藻打捞、太湖治理的科学水平。智慧太湖建设将为实现流域与区域管理提供现代化的管理手段和措施。在完善流域监测平台的基础上，实现太湖流域管理局部门之间，流域机构与区域水利部门之间，流域内水利与气象、国土、环保等部门之间的信息基础设施共建、信息资源共享、业务流程协同，构建流域防汛抗旱、水资源管理与保护等智能化业务应用体系，打造随时随地、便捷高效的工作模式，实现管理流程的再造，显著提高流域治理与管理的信息化工作水平和协同能力。

浙江水利部门在舟山应用大数据、"互联网+"，通过公共通信部门提供的手机实时位置信息，及时掌握台风防御区的人员动态情况，结合气象部门的台风路径、影响范围等信息进行分析后，自动通过短信等方式最大范围地发布预警和提醒信息。

武汉市着力推进"智慧湖泊"建设，通过整合公安、环保、城管等多方面的管理信息，以"大环保"的理念建成"智慧湖泊"综合管理平台，对接公安系统安装的城市"天眼"，选取湖泊周边的视频监控点，实现实时监控。在武汉市蔡甸区，已先期试点15个湖泊，布设视频监控点，并陆续在湖泊设置水位、雨量等远程监控点，每隔5min会自动将数据传回数据库，为湖泊防洪排涝调度和应急预警提供决策依据。

我国相关机构和个人在智慧湖泊研究方面已有一定的研究成果，并开发了相应的智慧湖泊系统，如数字鄱阳湖前期研究、鄱阳湖地理信息系统、鄱阳湖三维展示信息查询与展示系统、鄱阳湖流域生态大数据与信息共享服务平台等，但大多处于前期阶段。但总的来说，目前智慧湖泊多以单个或少量几个领域或应用为主，如上述的水利业务信息查询、智能办公、水环境监管、台风预警与信息发布等，并未覆盖整个行业或者区域，未形成一个面向整个行业或区域的、多部门多机构共用的系统。另外，在智慧湖泊建设过程中，高新技术的应用仍有较大的可利用空间。值得一提的是，行业内部相关系统有机结合仍不多见，多部门之间信息交换与共享机制并未完全实现统一，信息"孤岛"仍较为常见。因此，建设一个面向整个行业，并逐渐扩展到整个区域的多机构和部门的智慧湖泊系统仍有待研究。系统的建设对于提升湖泊保护和管理水平，对湖泊的保护、管理和合理开发利用具有重要意义。

1.4　主要研究内容

本书主要研究内容包括以下几个方面。

1．鄱阳湖通信网络结构构建技术研究

以计算机网络为基础，在现有通信建设基础上，构建智慧鄱阳湖的网络系统框架。网络通信是智慧鄱阳湖工程的水雨情、工情、墒情、气象等监测数据采集、传输、处理、共享和服务的重要基础设施，是实现鄱阳湖科学管理的重要保障。智慧鄱阳湖网络体系的构建是为了促进现有的网络融合，使得水利网络应用更加通用化、信息共享更加快捷。

2．鄱阳湖天空地立体化感知技术研究

以卫星、无人机、遥感、地面监测、物联网等技术为核心的智能监测手段，从天、空、地三个层面探索构建功能齐全的集遥感、通信、导航定位、地理信息系统于一体的天空地立体化感知监测体系，形成天空地立体、上下协同、信息共享的监测感知网络，实现全方位监测鄱阳湖自然环境与人类活动状况。

3．鄱阳湖水利大数据中心构建技术研究

根据水利数据高性能计算需要，以构建各类水利业务、各级水利部门，以及与涉水管理部门畅通的水利信息资源建设为基本内容，研究大数据中心构建技术，加强计算存储、共享服务、指挥调度、综合会商等能力建设，建成集约统一、共享共用的鄱阳湖水利大数据中心。

4．支撑平台构建技术研究

支撑平台构建技术研究通过封装组件的方式为系统的业务功能提供通用的、可复用的功能组件，实现个性化业务应用的高效开发、集成、部署与管理。采用 GIS 服务、统一身份认证、工作流引擎、BI（Business Intelligence）报表工具、数据接入、数据交换、WebService 等技术，研究平台技术支撑框架的构建技术，实施统一管理和调度，实现资源共享，减少重复开发，为系统的各类应用提供技术服务。

5．鄱阳湖智能应用系统研究

鄱阳湖智能应用系统是智慧鄱阳湖工程的核心。根据鄱阳湖的研究现状，构建鄱阳湖智能应用系统，为鄱阳湖的综合管理提供服务。结合虚拟现实、大数据、物联网、人工智能等技术，在感知层、通信网络层及数据中心的基础上构建各种基于水利业务流程的智能应用，包含水利地理信息系统、防汛抗旱指挥智能决策系统、水资源智能管理系统、水生态环境智能监测与保护系统、水政智能执法系统、湖长制智能管理信息系统、水利工程标准化管理信息系统、三维可视化系统等。在政府监管、河湖调度、工程运行、应急管理和公共服务等方面，为水利业务管理工作提供技术支撑。

6. 鄱阳湖智能移动技术研究

针对鄱阳湖管护工作，响应移动办公的理念，结合移动终端设备，为鄱阳湖工作人员打造全方位移动应用系统，建立鄱阳湖移动巡查系统、鄱阳湖公众监督系统、鄱阳湖堤防工程监管系统和鄱阳湖旱情拍拍系统等。强化河湖的监管力度，增强公众的参与度，提高管理人员的工作效率。

第 2 章

鄱 阳 湖 概 况

鄱阳湖是江西人民的"母亲湖",是我国第一大淡水湖,也是世界湖泊网的重要成员。2009 年,鄱阳湖生态经济区建设上升为国家战略,其战略目标是一流的水质、一流的空气、一流的生态、一流的人居环境,经济发达、高度文明,使鄱阳湖永远成为一湖清水。保护鄱阳湖生态环境,促进鄱阳湖区域经济与生态和谐发展,不仅事关江西的崛起,而且关系到长江中下游的生态环境与用水安全。

2.1 自然地理

2.1.1 地理位置

鄱阳湖是我国最大的淡水湖泊,地处江西省北部,地跨北纬 $28°22'\sim29°45'$、东经 $115°47'\sim116°45'$,入长江水道最窄处的屏峰卡口,宽约 2.8km,湖岸线总长 1200km。与赣江、抚河、信江、饶河、修河五大河流尾闾相接,汇集了"五河"之水,经调蓄后由湖口注入长江。同时,在长江干流洪水期承纳长江洪水倒灌入鄱阳湖,对长江洪水进行调蓄,是长江最大的通江湖泊。鄱阳湖流域面积 16.228 万 km^2,南北长 173km,东西平均宽度 16.9km,最宽处约 74km。

根据《鄱阳湖区综合规划》(水利部长江水利委员会,2011),鄱阳湖区,即湖口水文站防洪控制水位 22.50m(以下除特别说明外,水位均为吴淞高程)所影响的区域,包括南昌、九江两市的南昌县、新建区、永修县、德安县、星子县(现庐山市)、湖口县、都昌县、鄱阳县、余干县、万年县、乐平县(现乐平市)、进贤县、丰城市等 13 个县(市、区),总面积为 26284km²。鄱阳湖区包含了鄱阳湖滨湖保护区,鄱阳湖滨湖保护区和湖体核心区面积占鄱阳湖区的 33.9%。其划定原则是：按照平垸行洪、退田还湖、移民建镇政策和保护鄱阳湖天然湿地的要求，以 1998 年鄱阳湖最大水域面积（即 5181km²）形成的最高水位线（1998 年 7 月 30 日湖口水位 22.48m）为界线，向陆地延伸 3km 范围划定。

2.1.2 地形地貌

鄱阳湖区由水道、洲滩、岛屿、内湖、汊港组成。水道分为东水道、西水道和入江水道。赣江在南昌市以下分为四支，主支在吴城与修水汇合，为西水道，向北至蚌湖，有博阳河注入；赣江南、中、北支与抚河、信江、饶河先后汇入主湖区，为东水道。东水道、西水道在渚溪口汇合为入江水道，至湖口注入长江。鄱阳湖洲滩有沙滩、泥滩、草滩三种类型。其中沙滩数量较小，高程较低，分布在主航道两侧；泥滩多于沙滩，高程在沙滩、草滩之间；草滩高程多在 14～17m，主要分布在东部、南部、西部各河入湖的三角洲。全湖有岛屿共 41 个，面积约 103km²，岛屿率为 3.5%。其中莲湖山面积最大，为 41.6km²；最小的印山、落星墩，面积都不足 0.01km²。湖中岛屿景色秀丽，风景如画。湖区主要汊港约有 20 处。

鄱阳湖水下地形高程（以 22m 高程以下计算）均值为 12.6m，标准差为 2.88m，最低点高程为 $-8.27m$。高程小于零的地段，呈一条 400m 宽的带状，水平面积为 4.7km²。鄱阳湖水下地形表现为北低南高，东部略低于西部，中间略低，呈一个向北开口的筲箕形。地形起伏度小于 1.65m 的区域占鄱阳湖总面积的 90.69%，地表粗糙度小于 1.00 的面积占鄱阳湖面积的 95.97%。鄱阳湖水位高程小于 0m 的水面积为 3.32km²，库容为 0.05 亿 m³；22m 的水面面积约为 4000km²，库容为 374.36 亿 m³；从最低水位到高程 10m 水面面积涨幅为 449.898km²，库容涨幅为 7.115 亿 m³；从高程 10～22m 水面面积涨幅为 3557.833km²，库容涨幅为 367.241 亿 m³。水位小于 10m 时，随着高程增加，水面面积和库容均缓慢增加，在 10～22m 之间，水面面积和库容急剧增大。根据数据显示，10m 高程面是鄱阳湖地形的特征拐点，10m 以下坡度较大，面积小，库容也小，10m 以上湖底向四周的开口变大，地势较为平缓。

2.1.3 气候水文

鄱阳湖区域属亚热带湿润季风气候区，气候温和，雨量丰沛，光照充足，无霜期较长。四季分明，冬季寒冷少雨，春雨梅雨明显，夏秋季受副热带高压控制，晴热少雨，偶有台风侵袭。

多年平均气温 16.5～17.8℃。7 月气温最高，日平均气温 30℃，极端最高气温 40.5℃；1 月气温最低，日平均气温 4.4℃，极端最低气温 $-11.9℃$。

鄱阳湖区光能资源充足，多年平均年太阳总辐射量 $444×10^3 \sim 477×10^3 \text{J/cm}^2$，多年平均年日照时数 $1750 \sim 2105\text{h}$。多年平均年无霜期为 $246 \sim 284$ 天。多年平均风速 3.01m/s，历年最大风速 34m/s。夏季多南风或偏南风，冬季和春秋季多北风或偏北风，全年以北风出现频率最高。

多年平均年降水量 1542mm。降水时空分布不均，具有明显的季节性和地域性。汛期 4—9 月降水量占年总量的 69.4%。降水年际变化大，同一地点年降水量最大相差 $2 \sim 3$ 倍；降水地域变化明显，除北部庐山由于地势影响多年平均年降水量多达 1960mm 外，自东南向西北逐渐减小，以湖区东部余干县梅港站 1850mm 为最大，西北部德安县梓坊站 1410mm 为最小。

多年平均年水面蒸发量除南昌、新建大于 1300mm，庐山小于 800mm 以外，其他为 $1050 \sim 1300\text{mm}$，并以湖区为中心，向四周递减。鄱阳湖水体多年平均年水面蒸发量为 1170mm，蒸发量的年内变化呈单峰型，8 月最大约 191mm，1 月最小约 32.9mm。年内分配不均，1—3 月占年总量的 10.6%，4—6 月占 24.0%，7—9 月占 45.1%，10—12 月占 20.3%；大水体蒸发量面上分布规律为湖中大、周围小。

多年平均湖水温度 18℃。日最高水温出现在 15：00—17：00，日最低水温出现在 6：00—8：00，水温日变幅在 2.5℃ 以内；水温年内变化分为增温期和降温期两个阶段：从 2 月开始增温，至 8 月达最高值；9 月开始降温，至次年 1 月降至最低。

2.1.4　河网水系

鄱阳湖水系由赣、抚、信、饶、修五大河及博阳河、西河（又称漳河）的水汇流成湖，经调蓄后由湖口汇入长江。流域面积 16.22 万 km^2，占长江流域面积的 9.0%。

赣江是鄱阳湖水系第一大河流，纵贯南北，为长江八大支流之一，发源于石城县洋地乡石寮崟，于永修县吴城镇望江亭汇入鄱阳湖，主河道长 823km，南昌外洲水文站（河流控制站）断面以上流域面积 8.48 万 km^2，其中省内面积 7.97 万 km^2，约占全省面积的 47.75%。

抚河位于鄱阳湖流域东部，发源于广昌、石城、宁都三县交界处的灵华峰东侧里木庄，河口为进贤县三阳乡。主河道长 348km，李家渡水文站（河流控制站）以上流域面积 1.58 万 km^2，约占全省面积的 9.5%。

信江发源于玉山县境浙赣边界怀玉山的玉京峰，上饶市以上称玉山水，丰溪河汇入后始称信江。干流自东向西蜿蜒而下，横贯江西省东北部，在余干县大溪渡附近分为东西两支，分别于珠湖山、瑞洪注入鄱阳湖。信江梅港水文站（河流控制站）以上干流全长 289km，其省内流域面积 1.45 万 km^2，约占全省面积的 8.69%。

饶河位于鄱阳湖流域东北部,古称鄱江,因流经古饶州府治而得名。饶河由乐安河与昌江两支组成。饶河发源于皖赣交界婺源县五龙山,干流流经婺源县、德兴市、乐平市、万年县、鄱阳县,在鄱阳县双港乡尧山注入鄱阳湖。虎山水文站、杜峰坑水文站(河流控制站)以上干流全长 240km,流域面积 1.52 万 km²,其中省内面积 1.42 万 km²,约占全省面积的 8.51%。

修河位于鄱阳湖流域西北部,发源于铜鼓县高桥乡叶家山,流经修河县城,过柘林水库库区,于永修县城山下渡纳支流潦河,由永修吴城镇注入鄱阳湖,虬津水文站、万家埠水文站(河流控制站)以上主河道长 427km,流域面积 1.34 万 km²,占全省面积的 8.03%。

湖口与五河控制水文站的区间流域面积 2.22 万 km²,占全省面积的 13.3%。

2.1.5 生态环境

鄱阳湖湿地包括水域、洲滩、岛屿等。由于鄱阳湖季节性水位变化,冬季"水落滩出",形成众多的浅水湖和洲滩,为冬候鸟的主要栖息地。在夏季,出露的岛屿以及湖边的洲滩高丘是夏候鸟的主要栖息地。

鄱阳湖浮游植物种类多、数量大、分布广,有利于渔业生产。现已鉴定的浮游植物有 154 属,浮游动物主要有原生动物、轮虫类(59 种)、枝角类(40 种)和桡足类(13 种),水生维管束植物已查明 102 种 38 科,鱼类共 122 种 21 科,湖中分布有江豚百余只。结合历史资料,鄱阳湖区的鸟类共计 338 种,以雀形目鸟类居多,有 29 科 141 种,占鄱阳湖区鸟类总种数的 41.7%。

鄱阳湖水华蓝藻季度变化趋势显示,春季撮箕湖、康山湖、军山湖和战备湖的蓝藻生物量较高,夏季蓝藻分布范围不仅包括军山湖、康山湖,在鄱阳湖主航道也有分布。秋季,水华蓝藻分布范围有所扩大,蚌湖、撮箕湖以及康山湖生物量均高于 1mg/L。冬季枯水期,军山湖、康山湖以及撮箕湖周围水域蓝藻生物量均较高。结合鄱阳湖 2015 年 1 月至 2017 年 8 月总悬浮的日浓度对鄱阳湖南北湖区日变率进行统计分析,结果显示日变率最大总悬浮值北湖区为 17.19mg/L、南湖区为 12.95mg/L,日变率最小总悬浮值北湖区为 0.14mg/L、南湖区为 0.01mg/L。

2003—2015 年江西省水资源公报统计结果显示:"五河"水系水质主要以 Ⅰ 类、Ⅱ 类水为主、占 60%～80%,其次为 Ⅲ 类水、占 10%～25%,劣于 Ⅲ 类水占 8%～15%;各类水呈波动变化趋势,总体上 Ⅰ 类、Ⅱ 类水比例呈缓慢下降趋势,Ⅲ 类水比例呈缓慢上升趋势,主要污染物为总磷、总氮。

2.2　社会经济

鄱阳湖区生态经济区以江西省鄱阳湖为核心，以鄱阳湖城市圈为依托，以保护生态、发展经济为重要战略构想的经济特区。鄱阳湖区 2018 年共有人口约 800 万人，经济总量占全省的 20%。据有关数据显示，目前直接或间接依靠鄱阳湖生存的人口为 200 万人左右，其中有 20 万的专业渔民是完全依赖鄱阳湖生存的。

鄱阳湖是我国主要淡水渔业基地之一，鱼类达 90 余种，以鲤、鳙、鲫、鳊、鳜、鲶、鲭等较多，以鲥、银鱼著名；也为国家重要的商品粮和商品棉基地，粮、棉、油、猪、菜、果、茶、药和淡水鱼类等主要农产品产量在全国占有重要地位。通过大力调整农业产业结构，已初步形成具有地方特色的优势农产品，形成了大米、生猪、水产、水禽、茶叶、油茶、毛竹、中药材、商品蔬菜等主导产业。

鄱阳湖区生态经济区内已基本形成干支成网、四通八达的水陆空立体运输现代交通体系。京九铁路纵贯南北，沪昆铁路横穿东西，与鹰厦、皖赣、峰福、赣龙等线构成铁路网，并打通了南昌至深圳（香港）、厦门、上海的进出口货物的出海通道。高速公路发达，实现出江西省主通道和省会至 10 个设区市公路的全部高速化。公路通车总里程达 13.07 万 km，100% 的乡（镇）和 90% 以上的行政村通了公路。水路以长江、赣江、信江及鄱阳湖航线为主通道，连通 62 条通航河流，通航总里程达 5716km。

鄱阳湖工业在中华人民共和国成立初期尚处于初创阶段，工业总产值仅为 2.64 亿元，并以轻工业为主。改革开放以来，鄱阳湖区形成了钢铁、机械、煤炭、建材、有色金属、食品、医药等 39 个支柱性产业，并形成特色产业布局，如西部地区以有机硅、煤炭、钢铁工业为主，东部以铜矿开采和冶炼、建材、化工为主，北部以电力、石油化工、纺织、机械为主，南部以钨和稀土采选、木材加工、制糖、轻工业等为主。

2.3　水利工程

为满足防洪、灌溉、发电、航运、血防等多种需求，多年来，鄱阳湖区构建了大量堤防、水库、水闸、蓄滞洪区、农田水利设施、农村供水等工程。堤防工程是鄱阳湖的主要防洪工程，湖区现有重点圩堤 42 座，堤防线总长约 1459km，保护面积约 4200km^2。共建有水闸 1171 座，泵站 3465 座，农村供水工程 177 处。

建有国家级蓄滞洪区 4 座,分别为康山、珠湖、黄湖、方洲斜塘蓄滞洪区,圩堤总长度为 118.73km,总集水面积为 794.63km^2,总计蓄洪面积 549.55km^2,有效蓄洪容积 26.18 亿 m^3。其中,康山蓄洪面积 312.37km^2,有效蓄洪容积 15.92 亿 m^3;珠湖蓄洪面积 152.49km^2,有效蓄洪容积 5.35 亿 m^3;黄湖蓄洪面积 49.28km^2,有效蓄洪容积 2.87 亿 m^3;方洲斜塘蓄洪面积 35.41km^2,有效蓄洪容积 2.04 亿 m^3。蓄滞洪区是综合防洪体系的重要组成部分,在防洪紧急关头能够发挥削减洪峰、蓄滞超额洪水,是牺牲局部、保护全局、减轻洪水灾害损失的有效措施和防洪调度的重要手段。根据国家防汛抗旱总指挥部文件《关于长江洪水调度方案的批复》(国汛〔2011〕22 号),为确保长江中下游重点圩堤的安全,遇 1954 年洪水重现,长江中下游由 40 个蓄滞洪区承担 500 亿 m^3 超额洪水的任务,鄱阳湖蓄滞洪区承担 25 亿 m^3 洪水。

鄱阳湖区共有建有各类水库 1694 座,在保障鄱阳湖区农村供水、灌溉、防洪、发电等方面发挥了重要的作用。出于防洪调度需求,国家防总正式批复了《2018 年度长江上中游水库群联合调度方案》,鄱阳湖区水库首次被纳入长江中上游水库联调群,在城陵矶(洞庭湖出口)以上水库群的基础上,将联合调度范围扩展至长江中游鄱阳湖区控制断面以上,将鄱阳湖水系赣江万安、峡江、抚河廖坊、修河柘林水库等纳入了 2018 年联合调度范围,调度水库范围扩大至湖口以上和汉江流域,有助于提升防御长江洪水的综合能力,同时在保障流域供水、生态、发电、航运等方面,也将发挥效益。

2.4 历史水旱灾害

受鄱阳湖水系和长江洪水双重影响,鄱阳湖湖区高水位时间长。每年 4—6 月,水位随鄱阳湖水系洪水入湖而上涨,7—9 月因长江洪水顶托或倒灌而维持高水位,10 月稳定退水。水位年变幅大,最大为 9.59~14.85m,最小为 3.54~9.59m。鄱阳湖各水文站多年平均水位 11.36~13.39m,最高水位 20.55~22.59m,最低水位 3.99~10.25m。多年最大水位差 10.34~18.49m。有 77.8% 的年份最高水位发生在 6—7 月,79.3% 的年份最低水位发生在 12 月和 1 月。多年平均经湖口汇入长江的年径流量为 1468 亿 m^3。最大年径流量 2646 亿 m^3(1998 年),最小年径流量 566 亿 m^3(1963 年),最大与最小年径流量倍比值 4.67。4—9 月径流量占全年的 69%,其中 4—7 月占 53.8%。

鄱阳湖历来承担着防洪、灌溉、调节气候、降解污染等生态功能,具有非常重要的地位。基于它显著的季节性特点,丰水期和枯水期面积变化悬殊,造成湖区流域内旱涝无常、湖区沙化、湿地退化和植被破坏加剧,血吸虫病依然可见。有迹象表明,鄱阳湖区旱化正在加重,枯水期提前且延长。

1949—2020 年，鄱阳湖湖区发生超警戒水位（吴淞高程 19.00m）的洪水有 36 年次，水位超过 20.00m 的较大洪水有 22 年次，水位超过 21.00m 的大洪水年份有 1954 年、1983 年、1995 年、1996 年、1998 年、1999 年、2010 年、2016 年，其中 1954 年、1998 年、2010 年、2020 年等年份发生了全流域性大洪水。

1954 年，长江发生近百年来全流域性特大洪水。长江自 5 月中旬起水位持续上涨，顶托倒灌，形成鄱阳湖区最大洪水。长江九江站和鄱阳湖湖口站最高水位分别达 22.08m 和 21.68m，星子站最高水位达 21.85m。九江 20m 以上的高水位自 6 月中旬持续到 9 月下旬，历时百余天；湖口自 6 月 27 日达 1949 年最高水位 20.65m，直到 9 月 7 日才退到 20.65m 以下，历时 73 天。此次洪水造成沿江滨湖 16 个重灾县无收的农田达 279.7 万亩。

1998 年，鄱阳湖发生继 1954 年的又一次全流域大洪水。鄱阳湖湖口站水位达到 22.59m，超历史最高水位（1995 年 21.80m）0.79m，湖口站超过历史最高水位、警戒水位的持续时间分别为 29 天和 94 天。长江九江站水位达 23.03m，超历史最高水位（1995 年 22.20m）0.83m，九江站超过历史最高水位、警戒水位的持续时间分别为 42 天和 94 天。鄱阳湖星子站出现历史最高水位 22.52m，超历史最高水位（1995 年 21.93m）0.59m，超历史最高水位、警戒水位持续时间分别为 20 天和 95 天，高水位持续时间之长为历史罕见。这场大洪水造成沿江滨湖地区的长江大堤、10 万亩以上重点圩堤和保护京九铁路的郭东圩、永北圩等发生大量泡泉、塌坡等重大险情，九江城防堤决口，九江市部分城区进水受淹，240 座千亩以上圩堤溃决，其中面积 5 万亩以上圩堤溃决 3 座，面积 1 万～5 万亩圩堤溃决 20 座。

2010 年，江西省发生严重洪涝灾害，赣江、抚河、信江三大河流发生 50 年一遇特大洪水，长江、鄱阳湖超警戒水位一个多月。鄱阳湖星子站最高水位 20.31m，超警戒 1.31m，为 1999 年以来最高。长江九江站最高水位 20.64m，超警戒 0.64m，为 2002 年以来最高。鄱阳湖星子站水位超警戒时间达 45 天，长江九江站水位超警戒时间达 32 天。

2020 年，鄱阳湖再次遭遇超历史纪录大洪水，受五河来水和长江干流顶托倒灌影响，鄱阳湖水位上涨迅速，7 月 4—11 日，鄱阳湖水位连续 8 天单日涨幅在 0.40m 以上，单日最大涨幅 0.65m，15 个湖区站 12 个超历史最高水位，其中星子站最高水位 22.63m，突破 1998 年 22.52m 的历史纪录。2020 年鄱阳湖洪涝灾害共导致 673.3 万人受灾，需紧急生活救助 31.3 万人，农作物受灾 74.2hm²，绝收 19.2 万 hm²，直接经济损失约 313.3 亿元。

鄱阳湖区为江西省常旱区，不仅干旱出现的频率高，且发生连旱的次数也较多，盛传"小旱年年有，大旱隔三五"，1949—2018 年，发生大干旱的有

1963 年、1966 年、1967 年、1978 年、1992 年、2001 年、2003 年、2004 年、2006 年、2007 年、2008 年、2011 年等年份，其中 1978 年、2004 年、2006 年、2020 年为典型的大旱年。

1978 年干旱持续时间长达 107 天，80％以上的蓄水工程干涸，34.7 万 hm^2 农作物受灾，8 万 hm^2 水稻颗粒无收，损失粮食 40 万 t。

2004 年 10 月，江西省发生了严重旱情，30 个县（市）滴雨未下，省平均降水量仅 4mm，鄱阳湖水面面积缩小超过 600km^2。与历年同期相比，减少 95％，创造了有气象记录以来仅次于 1997 年同期的第二个最低纪录。

2006 年，湖口县水务局数据显示，湖口水文站最高水位为 16.46m，最低水位仅为 10.16m，形成"枯水一线"的严重旱灾。2007 年 1 月前后，鄱阳湖区遭遇 50 年来异常罕见的持续干旱天气。鄱阳湖星子水区河床表面干涸，地面裂口宽度直径达 2～3cm；航道变窄，船只必须缓慢航行才能安全通过。鄱阳县旱情严重，河床两三指宽的裂纹遍布湖滩。地表水位下降，县城 8 万人饮水困难。

2022 年，鄱阳湖流域遭遇 60 多年来程度最严重、范围最广的气象和水文干旱。6 月下旬以后流域降雨迅速减少，9－10 月几乎无有效降水，且持续高温，流域平均高温日数 56.6 天，干旱影响蔓延至全流域。截至 11 月上旬，干旱就已经造成 543.90 万人受灾，生活救助 40.70 万人，饮水困难 1.97 万人，农作物受灾面积 701.3×10^{3}hm^2，绝收 80×10^{3}hm^2，直接经济损失 71.4 亿元。

第 3 章

智慧鄱阳湖总体架构

智慧鄱阳湖是一个复杂而且庞大的系统工程，它需要多学科、多领域的技术交叉与融合。综合应用物联网、大数据、云计算、AR 增强现实、移动智能终端、人工智能、3S、三维可视化、虚拟现实与仿真、网络与信息安全保障等技术，对鄱阳湖区的水生态、水环境、水资源、水管理、人类活动等各个复杂系统的信息进行网络化、信息化、集成化、智能化，为鄱阳湖的开发、治理和保护等重大问题决策提供科学支持和可视化表现。

3.1 设计原则与思路

智慧鄱阳湖紧密围绕"节水优先、空间均衡、系统治理、两手发力"的治水思路，以水利信息化建设促进和带动水利现代化为理念，以生态鄱阳湖流域建设为任务，结合运用系统工程理论，以江西省智慧水利行动方案为依据，以鄱阳湖区的水问题和信息化建设问题为导向，以鄱阳湖综合治理与保护需求为出发点，以推动鄱阳湖区水安全保障、防灾减灾、江河湖泊保护、水利工程管理升级为目标，向智能化跨越，促进工程调度更智能、综合决策更科学、管理机制更高效、为民服务更便捷、人水关系更和谐。坚持以人为本，体现数据能融合、信息能共享、业务能协同、安全能保障的特点。按科学化、标准化、专业化、精细化、智能化的管理要求，将繁重的水利管理任务简化，构建智慧鄱阳湖平台。智慧鄱阳湖设计遵循以下原则。

1. 统一性与扩展性原则

从全局出发，从长远角度考虑，统筹规划和统一设计系统结构，特别是应用系统建设结构、数据模型结构、数据存储结构以及系统扩展规划等内容。同时，确保系统具有较长的生命力，增强系统的扩展能力，降低各功能模块耦合度，并充分考虑兼容性，能最大限度地降低投资成本。

2.先进性与实用性原则

充分利用大数据、云计算、物联网、人工智能、移动互联网等高新技术，确保系统在生命周期内不缺乏先进性。同时，系统构成采用成熟、具有国内外先进水平，并符合国际发展趋势的技术、软件产品和硬件设备，能确保应用广泛及系统性能稳定，体现实用性。

3.标准化与开放性原则

为支持系统的可持续发展，需对信息及信息服务、应用功能设计等进行标准化，使其符合国家已经发布的有关标准，并充分依照国际上的规范、标准，借鉴国内外目前成熟的主流网络和综合信息系统的体系结构，遵循相关业界主流标准。数据采集传输及数据库的各种编码必须符合水利行业的规范和标准，以确保软硬件设施之间互连互通。应用软件系统采用组件化设计，以确保应用组件的可视化、通用化与可复用。信息化设计要符合结构化、模块化、标准化要求，做到标准统一、连接畅通，使系统既有完整性，又具灵活性，实现有效集成和系统扩展。

4.共享性与协同性原则

资源共享是实现信息化的基础，因此需充分利用现有信息化资源和已经存在的业务系统，并与技术支撑系统进行有机结合，强化信息资源整合，避免重复建设、相互独立和信息孤岛。建立物理分散、逻辑集中、信息资源共享的信息资源大数据中心，构建深度应用、业务协同、纵横协管的大平台。

5.安全性与稳定性原则

系统建设要把安全性放在首要位置，充分考虑网络拓扑结构的可靠性和稳定性，通过网络监控及防病毒技术，防止网络内部的安全威胁。既要充分考虑信息资源的充分共享，又要充分考虑信息数据的保护；消除硬件各组成部分及运行环节可能存在的不稳定因素，避免出现系统故障，系统对访问各个层次均进行控制，采用分层多级管理安全机制，设置严格的操作权限，防止网络外部和内部的安全威胁，保障网络的安全性；充分利用日志系统、健全备份和恢复策略，以增强系统的安全性。信息化建设坚持系统稳定的原则，设计架构考虑现有的技术水平并选择稳定性高的。

3.2　总体架构

3.2.1　总体框架设计

按照"统一技术规范、数据标准、运行条件、安全体系、服务用户"的总体思路，采用大数据、云计算、物联网、移动互联网、人工智能等高新技术，构建智慧鄱阳湖总体架构。总体架构由智能感知层、通信网络层、数据中心层、平台支撑层、深度处理层、智能应用层、服务门户层等 7 个层次和支撑保障体系、信息安全体系等 2 个支撑保障体系构成，详见图 3.2－1。

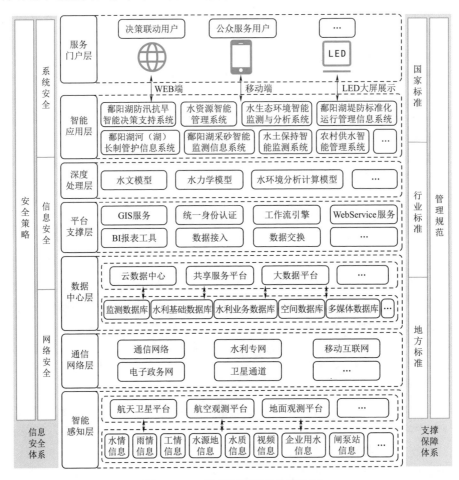

图 3.2－1　智慧鄱阳湖总体架构图

1. 智能感知层

智能感知层通过航天卫星平台、航空观测平台、地面观测平台构成采集子系统，采用卫星遥感、激光雷达、无人飞机、无人船、地面监测站点等采集方式，以满足治理和保护鄱阳湖业务应用需求为目的，获取多空间尺度、多时间尺度、多数据格式、多记录方式、多比例尺的多源属性数据与高精度空间数据，实现对鄱阳湖区的水情、雨情、工情、水源地、水质、企业用水、闸泵站等信息进行实时感知。所采集的数据互为补充，构成完整的数据采集系统。智能感知层所采集的数据通过通信网络传输，发送给大数据中心汇集，为湖泊的实时监测、调度运行、业务应用、服务管理等提供丰富的数据源。

2. 通信网络层

通信网络层作为连接各层之间的纽带，贯穿于整个系统架构中，使各层之间联系更加紧密，让信息流通更为快速、便捷，从而支持更加高效的计算、应用及可视化表达，为业务开展提供便利条件。整个平台的建设严格遵循国家和水利行业的各项相关标准规范。通信网络层综合通信网络、水利专网、移动互联网、电子政务网、卫星通道等多种方式，为智慧鄱阳湖系统提供大容量、广覆盖、安全可靠的网络通信基础设施实现水利数据的传输和汇聚。

3. 数据中心层

数据中心主要是提供对水利数据高效敏捷的存储、计算和分析能力。利用云技术、大数据技术、数据仓库技术和 GIS 技术等，构建资源共享服务云数据中心，满足数据资源汇集共享和应用服务，实现水利数据的存储计算和整合共享，形成满足数据存储要求的基础数据库、空间数据库、监测数据库、经济社会数据库、水生态环境专题数据库、防汛抗旱专题数据库、水利工程专题数据库、河湖执法专题数据库、河（湖）长制专题数据库、水利基础数据库、水资源专题数据库、水土保持专题数据库、农村供水专题数据库、系统数据库和其他数据库，并向上层应用提供标准的数据、地图、应用服务等支撑。同时，为达到互联互通、资源共享、支撑应用的目的，建设具有动态扩展、弹性伸缩能力的云存储资源池、云计算资源池，为业务应用与管理服务提供共用的支撑环境。数据中心结构图见图 3.2-2。

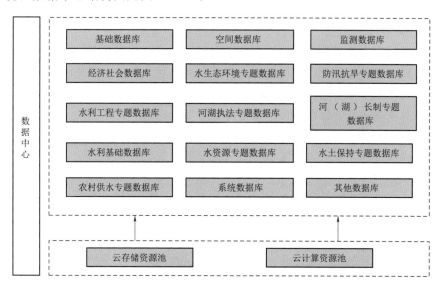

图 3.2-2 数据中心结构图

4. 平台支撑层

平台支撑层是系统的中间层，是将分散、异构的应用和信息资源进行聚合，通过统一的访问入口，实现结构化数据资源、非结构化文档和互联网资源、各种应用系统跨数据库跨系统平台的无缝接入和集成，主要是通过封装组件的方式为系统的业务功能提供通用的、可复用的功能组件，实现个性化业务应用的高效开发、集成、部署与管理。系统通过应用支撑层，根据业务层的功能提供通用的中间层。应用支撑层主要包括 GIS 服务、统一身份认证、工作流引擎、WebService 服务、BI 报表工具、数据接入、数据交换等。

5. 深度处理层

针对水利行业特点，围绕解决鄱阳湖区的水旱灾害威胁、水资源短缺、水生态恶化等问题，从防汛抗旱、水资源管理、水环境保护等多方面进行水利科学技术能力的完善，构建水文学、水环境分析计算等水利专业数学模型，更好地为水利业务系统提供数据深度处理能力。

6. 智能应用层

智能应用层是智慧鄱阳湖工程的核心，主要利用各种水利科技技术、人工智能技术，在智能感知层、通信网络层及数据中心层的基础上建立各种基于水利业务流程的智能应用，包含鄱阳湖防汛抗旱智能决策支持系统、水资源智能管理系统、水生态环境智能监测与分析系统、鄱阳湖堤防标准化运行管理信息系统、鄱阳湖河（湖）长制管护信息系统、鄱阳湖采砂智能监测信息系统、水土保持智能监测系统和农村供水智能管理系统等。在政府监管、河湖调度、工程运行、应急管理和公共服务等方面为水利业务管理工作提供技术支撑。

7. 服务门户层

服务门户层是基于资源共享服务平台和服务门户构造技术，构建面向领导决策、面向业务应用的内部服务门户和面向公众服务的对外服务门户。各类服务门户可通过多种终端平台支撑，包括 WEB 端、移动端和 LED 大屏展示，满足各类数据接收、信息发布、业务办理。

8. 支撑保障体系

支撑保障体系主要包括建立体制机制、规范资金使用、强化人才培养和完善标准规范等。其着重加强信息化资源整合有关技术标准和管理办法的制定，通过技术标准制定，重点解决整合过程中共享与协同的技术问题；通过管理办法制定，重点解决信息共享、应用协同过程中的管理问题。其建立包括技术标准、管理办法等内容的支撑保障条件，保障信息化资源整合共享的顺利实施，形成信息化资源持续、稳定发展的良性循环。在网络安全相关法律规范的指导下，采用先进的信息安全技术从物理层、系统层、网络层、应用层等确立安全保障体系是智慧鄱阳湖建设的重要保障。系统涉及不同管理层级、不同业务领域，需要接入大量的信息系统、种类繁多的软硬件产品和技术架构，因此建设过程中遵循现有及补充制定且统一的相关标准规范是智慧鄱阳湖建设的重要基础。

9.信息安全体系

通过梳理系统安全需求，制定信息安全策略（包括安全目标、原则、要求等），来完善安全管理体系和安全防护体系，保障信息系统安全。而建立完备的信息安全体系、强化信息基础设施的智能运维是保障智慧鄱阳湖正常运行的重要手段。

3.2.2 网络结构设计

3.2.2.1 设计原则

（1）实用性原则。网络设计充分保护网络系统现有资源，根据实际情况，采用新技术和新装备，还需考虑组网过程与平台建设开发的同步进行，建立一个实用的网络。力求使网络既满足目前需要，又能适应未来发展。

（2）可靠性原则。所选用的设备具有较高的单体设备可靠性，设计方案考虑关键设备的系统级冗余，增强系统的可靠性。安全系统的设计应尽量不造成网络结构调整，在不影响现有业务系统正常运行的条件下加强网络系统的可靠性。

（3）安全性原则。按照网络区域和用户角色定位，将网络系统划分为不同的级别层次。通过防火墙、网络安全边界防护体系、病毒防治体系、CA认证授权体系等配套的网络安全系统实现整体的安全架构。

（4）扩展性原则。网络在满足用户当前需求的同时，对将来需求的增长、新技术发展等变化可进行相对应的升级与扩展。在网络设计时充分考虑网络在未来几年中的发展，使得网络的扩展可以在现有的网络基础上通过简单的增加设备和提高电路带宽的方法来解决，适应不断增长的业务需求。

（5）先进性原则。选用当前业界领先的 Gigabit Ethernet（千兆以太网）、Fast Ethernet（快速以太网）等主流技术来组建网络系统，网络系统平台支持数据、语音、多媒体等应用。选择的产品应符合业界的最先进标准，提供前沿的技术理念，使客户始终能够和世界领先的技术管理水平同步。从较高的起点对网络建设进行规划，充分采用先进成熟的网络技术，满足智慧鄱阳湖各种业务实时数据、非实时数据传输需要，形成统一先进的通信系统。

（6）高性能原则。随着智慧鄱阳湖业务的增加和计算机技术的发展，接入局域网的用户将越来越多、终端和工作站的处理能力将越来越强、图形图像和多媒体的应用将越来越广泛，要求每个用户实际可用带宽很高才能使网络通信流畅，网络将成为提供多种业务的统一网络平台，并应该为不同的业务提供服务质量保证。因此，要充分考虑将来业务量的增大，保证当前及今后网络的高效与通畅。

3.2.2.2　拓扑结构

网络通信基础设施不仅是国家信息化建设的基础性支撑，也是保障社会生产和人民生活的基本设施的重要组成部分，更是行业信息化建设的中坚力量。网络工程包含通信基础设施、计算机网络、电话网络以及相关的安全保障体系和运行管理体系。通信基础设施和计算机网络系统都是网络工程的有机组成部分。江西省水利行业的通信基础设施由江西省水利厅现有的通信基础设施、其他部门提供（或租用）的卫星资源和公众通信基础设施三部分组成，是计算机网络系统的基础，为计算机网络系统提供传输信道。

智慧鄱阳湖网络设计是在现有的基础上，以智慧鄱阳湖平台的需求为基础，构建智慧鄱阳湖平台网络拓扑结构。网络通信是智慧鄱阳湖平台的水雨情、工情、灾情、墒情、气象等监测数据采集、传输、处理、共享和服务的重要基础设施，也是实现鄱阳湖科学管理的重要保障。智慧鄱阳湖网络建设是为了促进现有网络融合，使得水利网络应用更加通用化，信息共享更快捷。根据智慧鄱阳湖水利建设的目标任务和总体逻辑层次架构，构建智慧鄱阳湖网络拓扑结构。智慧鄱阳湖网络拓扑结构如图 3.2-3 所示。

（1）通信网络：根据智慧鄱阳湖建设需求，建设的省-市-县三级传输网络，采用公网专网结合方式，建设三级级联的光纤宽带骨干通信业务网，承载各类信息监测、数据交换、音频通信、视频传输等业务信息。建立水利专网，通过 VPN 实现互联网与水利专网的逻辑隔离，满足通过互联网安全访问业务网内部信息的需要。

1）水利专网。水利专网用于传输规定的水利信息。这些信息的使用权限严格限制：一方面，采用严格的访问控制策略对访问用户的入网、数据使用权限等进行控制；另一方面，采用适当的信息加密策略对数据本身进行加密，如使用 MD5 数据加密方式对数据进行加密处理。

2）卫星专网。在卫星专网构建上，虽然卫星网络是一个大网系，但是依托网络主站的虚拟网络技术，可以构建成百上千个虚拟专网。对虚拟网络运营商而言，可以不需要单独建站，只需通过虚拟网络管理平台共享运营商主站系统即可从事通信业务经营。专网用户还可根据自身网络规模及业务需求，直接与运营商对接，自主运营管理专网小站。此外，由于网络产品的一致性，这些虚拟专网完全可以通过主站网络管理顺利实现互联互通，特别是在因突发重大自然灾害或其他应急事件需要卫星通信系统支持时，较传统"烟囱式"的分立专网更加有利于统一管理和指挥调度。

（2）互联网。互联网由路由器、防火墙、流量控制、核心交换机、部署在

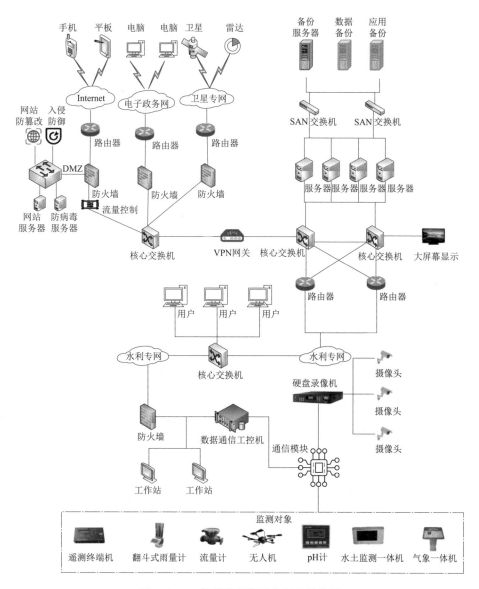

图 3.2-3　智慧鄱阳湖网络拓扑结构图

DMZ（隔离区）的门户网站服务器、入侵检测、网页防篡改、DDoS（分布式拒绝服务）防御以及 VPN（虚拟专用网络）隔离网关等构成。其中建设江西省水利厅 1Gbps、市县 100Mbps 的互联网，通过 VPN 实现互联网与业务内网的逻辑隔离，满足通过互联网安全访问业务网内部信息的需要。

　　（3）物联网络。智慧鄱阳湖感知范围涉及雨情、水情、水质等要素，需根据监测站点所处环境、通信资源等条件，合理选择无线或有线的传输方式。建立信息采集站点，包括水文站、雨量站、水土监测站、墒情站、气象站等，通过信息采集设备，如遥测终端机、雨量计、流量计、pH 计、水土监测一体机、气象一体机等，采用公共移动通信 3G、4G、5G 方式进行数据传输，利用物联网窄带无线（NB-IoT）及无线扩频微波（RoLa）通信，建设物联感知信息传输网，获取相关水情、雨情、流量、工情、水质、径流、气象等监测数据。

（4）局域网络。江西省水利厅防汛信息中心采用万兆以太网标准，建设大数据云中心业务网，以保障大数据云平台服务器、业务应用服务器、容灾备份服务器、视频监控服务器等设备的高性能运行，市、县水利局采用千兆以太网标准，建设数据汇集交互业务网，以保障数据汇集交换的可靠运行。

3.2.2.3　网络安全

网络安全是指网络系统的硬件、软件及其系统中的数据受到保护，不因偶然的或者恶意的原因而遭受到破坏、更改、泄露，系统能连续可靠正常地运行，网络服务不中断。智慧鄱阳湖平台网络安全建设内容包括网络结构安全、网络设备防护、边界安全和通信安全。

1. 网络结构安全

在建设网络安全时，通过设计合理的智慧鄱阳湖平台网络拓扑结构图，保障关键网络设备的业务处理能力具备冗余空间，满足业务高峰期需求；保障网络的各个部分带宽满足业务高峰期需求；保障重要的网段不设在网络边界处、不直接与外部系统连接，重要网段与其他网段之间采取隔离手段；根据业务等级、重要性等因素，划分不同子网或网段；根据业务的重要次序指定带宽的分配优先级别，保障网络发生拥堵时优先保护重要主机。

2. 网络设备防护

网络设备防护是网络安全中的一项重要内容，主要从以下几个方面进行网络设备防护：①网络设备设置用户名和密码，并对用户登录进行身份鉴别；②限制网络设备的管理员登录地址；③采取结束会话、限制非法登录次数或网络登录连接超时自动退出等措施处理登录失败的情况；④网络设备进行远程管理时，采取必要措施防止信息在网络传输过程中被窃听；⑤实现设备特权用户的权限分离。

3. 边界安全

边界安全建设主要包括包过滤、安全审计、恶意代码防范、边界完整性检查、边界访问控制等。边界安全通过部署防火墙、入侵检测系统、抗拒绝服务攻击系统、漏洞扫描系统、防病毒网关产品等实现，具体内容如下：

（1）部署防火墙于互联网边界，主要是实现边界包过滤、边界协议过滤等安全要求；隔离不同安全界别的区域，防止外部用户访问除隔离区以外的其他互联局域网区域。配置对源/目的地址、源/目的端口、协议及服务等的服务请求控制。允许互联网用户访问隔离区，但不允许互联网用户访问其他各区；对网络流量进行监控审计，对各个部分分配带宽，从而保障在业务高峰期业务的连续性。部署防火墙于内部边界，主要是实现内部边界的访问控制；防火墙启用访问控制（ACL）等功能要有明确的源/目的地址、源/目的端口、协议及服务等，对进出网络的流量进行控制。对网络流量进行监控审计，对各个部分分配带宽，从而保障在业务高峰期业务的连续性。

（2）部署入侵检测系统（IDS），实现以下安全功能。通过 IDS，探测非法外联等行为，可以对经过核心交换的流量进行过滤筛查，对一些常用的应用协议〔HTTP（超文本传输协议）、FTP（文件传输协议）、IMAP、TELNET（远程终端协议）、SMTP（简单邮件传输协议）等〕，利用 URL 过滤、关键字过滤等方式实现应用层协议命令级的控制和命令检查，加强访问控制的粒度，对违背安全策略的访问行为进行审计告警。

（3）部署抗拒绝服务攻击系统，实现以下安全功能：拒绝服务系统接受来自不同链路的流量，并且从网络流量中识别异常流量并从中找到拒绝服务类的攻击流量，阻断来自网络的拒绝服务（DOS、DDoS）的攻击行为，保障网络的畅通。

（4）部署漏洞扫描系统，实现以下安全功能：由于应用系统属于频繁更新应用内容的应用系统，而系统的各种组件的安全漏洞频出，对应用安全构成了极其严重的威胁，所以应用系统需要进行定期的漏洞扫描工作，及时找到系统存在的漏洞，进行查漏补缺，避免内外恶意用户借这些漏洞攻击系统，威胁系统的安全。

（5）部署防病毒网关产品，实现以下安全功能：能够检测进出网络内部的数据，对 HTTP、FTP、SMTP、IMAP 四种协议的数据进行病毒扫描，一旦发现病毒就会采取相应的手段进行隔离或查杀，保护进出局域网的数据安全，在防护网络入侵方面起到非常大作用。防病毒网关在网络边界处可以对各种网络安全威胁进行全面的检测和过滤，直接高效的查杀病毒、木马、蠕虫等恶意代码，防范恶意代码的攻击；对 HTTP、SMTP、POP3、IMAP、FTP 等协议全文内容过滤；对垃圾邮件进行有效拦截。

4. 通信安全

通信安全主要从通信网络安全审计、网络数据传输保护进行建设。通信网络安全审计包括以下几个方面的内容：①审计范围覆盖到服务器和重要客户端的每个操作系统和数据库用户；②审计内容包括用户行为、系统资源异常使用和重要系统命令使用等安全相关事件；③审计的记录包括网络设备配置、网络流量、用户网络行为等，并形成审计报表；④保护审计进程，避免受到中断；⑤保护审计记录，避免受到删除、修改和覆盖等操作。网络数据传输保护主要

25

通过建立 IPSEC VPN 实现。使用支持完整性验证加密算法的加密传输设备等方法中的一种或多种方法，对网络传输的数据进行完整性验证，发现系统管理数据、鉴别信息、重要用户数据在传输过程中的被破坏事件，并确认为违规行为及时报警。发现数据破坏的同时，对被破坏的数据进行修复或自动抛弃被破坏的数据，向数据发送端重新请求被抛弃的数据。

3.3 智慧鄱阳湖平台功能

根据对智慧鄱阳湖的规划和布局，以鄱阳湖区防灾减灾、水安全保障、湖泊利用和保护、水利工程管理升级为目标，围绕防灾减灾、水旱灾害、水资源、水生态环境、河湖管理、水利工程、农村供水、水土保持、水政执法等水利领域问题，建立信息共享、业务协同和辅助决策的智慧鄱阳湖平台。智慧鄱阳湖平台由基础服务平台和业务应用平台组成，其功能框架如图 3.3-1 所示。

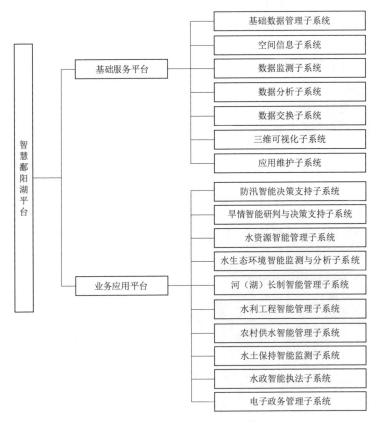

图 3.3-1 智慧鄱阳湖功能框架图

3.3.1　基础服务平台

1. 基础数据管理子系统

基础数据管理子系统是以水利基础信息为载体，对智慧鄱阳湖平台的基础数据进行梳理分类、整合和管理，实现数据采集、更新、关联等操作。它是智慧鄱阳湖业务应用平台数据的来源，主要包括基础数据库、专题数据库、数据转换等功能，为智慧鄱阳湖业务应用平台提供数据支撑。

2. 空间信息子系统

空间信息子系统集地形资料、地质资料、建筑物资料、自然和人工属性资料于一体，为鄱阳湖基础地理信息和水利工程专题数据查询提供了最基础的地理信息服务平台，摆脱了以前在数百张图纸中查找数据的缺陷，也为统计、归纳和更新数据属性创造了条件，打造"鄱阳湖一张图"。

3. 数据监测子系统

数据监测子系统是将雨量计、流量计、水位计、蒸发器、水质监测仪、土壤墒情速测仪、气象一体机等设备采集到的雨量、流量、水位、蒸发量、水质、土壤墒情、气象信息等数据汇总至智慧鄱阳湖平台，并对数据进行实时监测与科学分析。

4. 数据分析子系统

数据分析子系统是对平台中收集到的大量数据进行分析，提取有价值的数据，得出有助于人们更快速、更清晰地理解数据的结论，以便科学做出决策。以图、表等直观的形式进行信息的可视化展示，为决策者从不同的维度分析数据，挖掘有价值的信息。

5. 数据交换子系统

数据交换子系统是指将若干分散的应用信息进行整合，提取共享数据，并对多渠道数据进行数据融合处理，方便信息（数据）的传输及共享，提高信息资源的利用率。数据交换子系统分为静态交换数据、动态交换数据、图形数据、表格和统计资料等，通过接口的方式实现业务应用平台数据共享。

6. 三维可视化子系统

三维可视化子系统展示鄱阳湖不同水位下湖区淹没区域、自然保护区和风景区、水资源、水生态环境、水利工程等信息，并提供图表、文字、图形、声音、视频等多种方式查询鄱阳湖资源，将鄱阳湖地形以三维形式展示，给人们一种更全面、直观的感觉。

7. 应用维护子系统

应用维护子系统建立信息更新维护与安全保障机制，为智慧鄱阳湖平台的运行提供辅助支撑，主要功能有工作流设计与管理、数据字典、用户管理、权限管理等。

3.3.2　业务应用平台

1. 防汛智能决策支持子系统

防汛智能决策支持子系统利用物联网、遥感、人工智能和三维数字模拟等技术，建成先进实用、高效可靠、覆盖鄱阳湖区重点防洪地区的包括暴雨洪水预警预报、洪水调度、防汛组织指挥调度、洪水演进、抢险减灾等方面应用的具有三维可视化数字虚拟会商环境的防汛智能决策支持子系统。以现代化的管理观念和工作方式，实现对鄱阳湖防汛减灾从降雨预报、洪水预报、工程调度、洪水演进、抢险救灾等各个环节的科学化、标准化、智能化管理。

2. 旱情智能研判与决策支持子系统

基于旱情研判，实现对灌区和旱地缺水、旱情发展趋势进行相关分析，实现对农作物因旱受灾进行预测，进而为抗旱决策提供信息技术支持。系统集成现有的点状墒情监测系统，开发遥感旱情模型、分布式水文干旱模型、农业干旱模型、社会经济干旱模型，建立基于空间的旱情智能监测与决策分析系统，进行鄱阳湖流域的旱情监测预测与评估，为抗旱减灾提供决策依据。

3. 水资源智能管理子系统

结合江西省对水资源管理的实际需求，以水资源管理的"红线能显、现状能监、管理有措、决策有助和应急有策"为核心功能，支撑"三条红线"管理的红黄蓝预警、行政约束和计划调控，将水资源管理业务划分为重点业务管理、水资源管理监督考核、支撑保障类业务管理三大类，其重点业务管理功能又分为水资源论证管理、取水许可管理、水资源费征收与使用管理、水资源公报编制管理、水资源资质管理、节水管理、水功能区管理及水生态文明建设管理等。

4. 水生态环境智能监测与分析子系统

根据鄱阳湖水生态水环境监测业务过程中的实际情况，建立以实验室为核心、以鄱阳湖生态治理为目标的水生态环境智能监测与分析子系统，实现鄱阳湖湖泊面积不缩减、水质不下降、生态不破坏、功能不退化、管理更有序。水生态环境智能监测与分析子系统主要分为监测主流程管理、资源管理、监测数据上报查询、数据统计分析和权限管理等功能。

5. 河（湖）长制智能管理子系统

河（湖）长制智能管理子系统是以鄱阳湖保护管理为核心，根据江西省河（湖）长制全面实施的总体目标，围绕湖泊水域空间管控、湖泊水质监管、湖泊岸线管理、湖泊水功能及资源保护、水污染防治等核心任务，以河（湖）长制专题数据中心、信息化网络、基础设施云为技术支撑系统，建立鄱阳湖保护管理的长效机制，加强对鄱阳湖的管护能力。系统的主要功能分为湖长门户、湖长制一张图、湖泊监管信息查询、湖泊日常管护、应急会商、治河专题、统计分析、图像视频监控等，为湖泊管护工作提供有力技术支撑、决策依据和辅助参考。

6. 水利工程智能管理子系统

水利工程智能管理子系统是以构建各级水行政主管部门和水利工程管理单位的数据共享通道为目标，实现水利工程数据集中存储、共享访问和高效利用。通过信息化手段实现水利工程现场检查和远程监管相结合，实时掌握水利工程安全和运行管理状况，按照业务流程有序开展管理工作，提高工作效率和管理水平。水利工程智能管理子系统主要功能有基础信息查询、安全监测预警、智能巡查管理、维修养护、考核管理、统计分析等。

7. 农村供水智能管理子系统

农村供水智能管理子系统是一个通过计算机软硬件技术，集成多种业务应用，并以信息网络统一整合的综合应用服务系统。该系统包括供水站信息管理、水质在线监测、用水集中管理、供水站设备监测等功能。该系统不但对家庭用水进行监测，而且还对水温、水量实现准确控制、对生活废水进行智能处理，极大地优化家庭用水方式和制度。

8. 水土保持智能监测子系统

水土保持智能监测子系统围绕水土保持综合治理、预防监督、监测评价等问题，以物联网、3S等技术手段，更新和拓宽水土流失及其防治动态的信息采集方式，建立水土保持信息采集体系，实现水土保持监测的规范化，加快信息传输和处理速度，科学地进行信息分析处理，通过信息资源共享和开发利用，全面提高科研、示范、监督和管理水平，实现水土保持生态环境建设管理的现代化。系统具有水土流失实时在线监控、地面监测信息管理、水土保持综合治理、水土流失预防监督、水土流失监测评价、水土保持信息服务等功能。

9. 水政智能执法子系统

水政智能执法子系统主要围绕非法采砂等主要问题进行监管，同时结合《江西省河道采砂管理条例》对采区采砂量进行监管、打击非法采砂行为的实际需要，将鄱阳湖采区的采量监测和涉砂船只识别等采砂监管工作纳入信息化、智能化的管理。其主要功能包括基础信息管理、GIS地图动态监测、采砂现场管理、统计报表和图像视频监测等。

10. 电子政务管理子系统

电子政务管理子系统，主要包括鄱阳湖管理办公自动化系统、规划计划管理系统、财务资产管理系统、国际合作与科技管理信息系统、人力资源管理信息系统、档案图书期刊音像管理信息系统和其他子系统。

第 4 章

鄱阳湖天空地立体化监测技术

随着"感知地球"概念的提出，作为第三代网络的物联网，是新一代网络信息技术的重要组成部分，也是"二进制"时代的重要发展阶段。感知技术是实现物联网的基础，主要包括电子标签和传感器技术。随着无线传感器技术的发展和多源遥感平台的日益丰富，构建天空地立体化的智能感知网进行动态监测成为现实。传统的监测手段将演变为以卫星、无人机、雷达、物联网、移动互联网为核心智能监测手段，建设功能齐全的集遥感、通信、导航定位、地理信息系统于一体的天空地立体化监测体系，使其空间信息获取实现一体化和智能化，空间数据处理实现自动化、定量化和实时化，空间信息分发与应用实现网格化，空间信息服务实现大众化。

鄱阳湖"高水为湖、低水似河"的水文景观，年内季节性涨落明显，水旱灾害、水环境安全问题易发。要实现永保鄱阳湖一湖清水的目标，首先需要对鄱阳湖区的水文、水资源、水生态、水环境等要素进行动态监测和分析研究。

智慧鄱阳湖通过智能一体化监测手段构建的鄱阳湖信息自动采集、传输、存储、管理、交换系统，实现与省市县乡村信息的资源共享，及时、全面、准确地掌握鄱阳湖水利专题数据信息。智慧鄱阳湖涉及大量的数据，需要功能强大的数据监测和传输技术作为支撑。

数据是建设智慧鄱阳湖的基础。利用天空地等先进的数据采集和获取技术，以满足开发治理和保护鄱阳湖的业务应用需求为目的，为保障鄱阳湖的建设与发展、水资源保护、生态环境保护相关研究，需要获取多空间、多时间尺度，多数据格式、记录方式、比例尺和精度的空间数据与属性数据。智慧鄱阳湖感知层的实施主要分为基础空间数据采集和专业数据采集。基础空间数据采集系统是利用地理信息系统技术、卫星遥感技术、航空摄影测量技术和地面综合遥感技术以及野外数字测图技术等组成的多平台、多尺度、多源的信息采集监测处理系统，满足地理空间数据、正射影像数据、DEM 数据的生产与更新等业务应用需求。专业数据采集系统主要由水文气象传感器、水资源自动监控、生态环境监测、墒情自动监测等组成，以满足水利专题信息的采集需求。数据采集系统承担着基础数据库、专业数据库的数据入库、更新等任务，同时还能为动态监测、及时预警、评估、应急救助等提供实时准确的数据支撑。

4.1 天空地立体化监测体系框架

鄱阳湖天空地立体化监测体系综合运用卫星遥感监测、航空遥感监测和地面站点监测等手段，基于数据挖掘、数据融合、数据协同和数据同化等关键技术，获得基于精确数据支持的湖泊水文水资源和生态环境的立体化动态化智能感知体系；能为突发性重大工程与灾害问题的解决和全面地反映鄱阳湖区的水文水资源和生态环境的现状及发展趋势，提供多源异质数据的信息提取、快速处理、变化检测、事件通知等多项服务；能实现天地立体、上下协同、信息共享的监测网络，实现大范围、长期无人、复杂事件的同步监测，使鄱阳湖区的水生态环境监测能力与生态文明建设要求相适应，使人们能够透明、高效、可定制地使用观测资源，满足长期监测与快速应急响应等日益多样的监测需求，为防汛抗旱、水资源管理、规划等提供科学依据。天空地立体化监测体系框架示意见图 4.1-1。

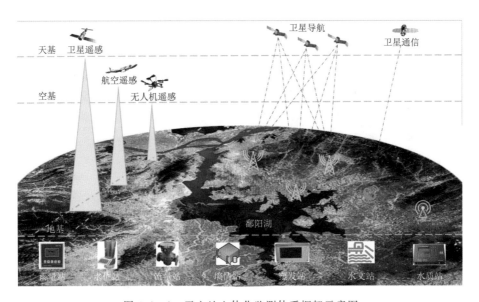

图 4.1-1 天空地立体化监测体系框架示意图

"天基"是利用卫星等邻近空间飞行器为主要节点组成的卫星遥感监测网，利用卫星遥感技术对水文水资源和生态环境状况及变化趋势进行大尺度的监测，以美国陆地卫星 Landsat、法国 SPOT 卫星、印度系列遥感卫星 IRS-1C/1D、美国国家海洋大气局第三代气象观测卫星 NOAA、中国气象卫星 FY-1/2/3/4、中国环境系列卫星 HJ-1A/1B/1C、中国高分系列卫星、中巴地球资源卫星 CBERS、美国 Terra/Aqua 卫星等人造卫星为平台，利用可见光、红外、微波等探测仪器，通过摄影或扫描、信息感应、传输和处理，对大范围宏观水文水资源状况和生态环境质量实施遥感监测。"天基"包括卫星导航定位系统、对地观测系统、跟踪与数据中继系统等，是获取高清影像和全面了解监测对象整体情况有效和便捷的手段。

"空基"是利用各种飞机、飞艇、高空气球等作为传感器运载工具，搭载特定传感器，对鄱阳湖重点关注区域的水文水资源状况和生态环境质量等进行中小尺度的遥感监测。无人机遥感是利用先进的无人驾驶飞行器技术、遥感传感器技术、遥测遥控技术、通信技术、GPS 差分定位技术和遥感应用技术，实现对防汛抗旱、水资源、水生态、水环境等要素空间信息的自动化、智能化、专用化快速获取，且进行数据处理、建模和分析的应用技术。无人机遥感系统由于具有机动、快速、经济等优势，已经成为世界各国研究的热点，现已逐步从研究阶段发展到实际应用阶段，成为未来的重要航空遥感技术手段。

"地基"指由地面监测站、物联网、卫星应用专网和互联网等共同组成的监测网，包括指控中心、自动连续监测系统、地面传输网、路基监测站等功能系统。以地面站为基础，以水循环为线索，以新装备、新产品、新途径为索引，实现防汛抗旱、水资源、水生态、水环境、水管理等信息的高效监测，结合业务应用系统，构成强大的水利物联网。通常有实验室手工监测或在线站点自动监测，对既定区域内水文水资源状况和水生态环境质量进行精准监测。按监测介质或对象，水利地面监测站分为雨量站、水位站、流量站、墒情站、蒸发站、水文站、水质站等。

4.2　基于遥感技术的鄱阳湖监测

4.2.1　常用遥感数据

遥感技术在水利中的应用涉及水灾、旱灾、水资源、水环境、水生态、水土保持、土壤侵蚀、水利工程等监测和评价。具有获取数据资料范围大、获取信息速度快周期短、受条件限制少、获取信息的手段多且信息量大等特点。

遥感技术建立在物体电磁波辐射理论基础上，不同物体具有各自的电磁辐射特性。按所利用的电磁波的光谱段可分为可见光/近红外遥感、热红外遥感、微波遥感等类型。本书仅对水利行业常用遥感数据进行简要介绍。

4.2.1.1　常用可见光/近红外遥感数据

在水利遥感应用中，常用的可见光/近红外遥感数据源包括：美国陆地卫星 Landsat（TM、ETM＋、MSS、OLI 数据）、法国 SPOT 卫星（HRV 高分辨率可见光遥感器数据）、美国国家海洋大气局第三代气象观测卫星 NOAA（AVHRR 数据）、中国气象卫星 FY-1/2/3/4、中国环境系列卫星 HJ-1A/1B/1C、中国高分系列卫星 GF-1、中巴地球资源卫星 CBERS-01/02/02B、美国 Terra/Aqua 卫星（MODIS 数据）等。常用可见光/近红外遥感数据参数见表 4.2-1。

表 4.2-1　　　　　　　　常用可见光/近红外遥感数据参数

卫星平台	国家	数据类型	波长/μm	重访周期	空间分辨率/m	幅宽/km
Landsat	美国	TM	0.45～12.5	16 天	30～120	185
		ETM＋	0.45～12.5		15～60	
		MSS	0.5～1.1		78	
		OLI	0.433～2.300		15～30	
Terra/Aqua	美国	MODIS	0.405～14.385	1～2 天	250～1000	2330
SPOT	法国	HRV	0.51～0.89	5 天	10～20	60～80
GF-1	中国	可见光/红外	0.45～0.89	4 天	1～16	45～800
FY-1/2/3/4	中国	可见光/水汽/红外	0.20～13.8	4～10 天	250～5000	3000
HJ-1A/1B/1C	中国	可见光/红外	0.43～12.5	4 天	30～300	50～720
CBERS-01/02/02B	中国/巴西	可见光/红外	0.50～12.5	26 天	2.36～256	113～890
NOAA	美国	AVHRR	0.58～12.5	6h	1100	2800

4.2.1.2　常用热红外遥感数据

热红外遥感，指通过红外敏感元件，探测物体的热辐射能量，显示目标的辐射温度或热场图像的遥感技术的统称。中红外、远红外和超远红外是产生热感的原因，所以又称为热红外。自然界中任何物体，当温度高于绝对温度（-273.15℃）时，均能向外辐射红外线。物体在常温范围内发射红外线的波长多为 3～4μm，而 15μm 以上的超远红外线易被大气和水分子吸收，所以在遥感技术中主要利用 3～15μm 波段，更多的是利用 3～5μm 和 8～14μm 波段。热红外遥感具有昼夜工作的能力。

常用于水利的热红外遥感数据源包括：FY-3 极轨气象卫星 VIRR（可见光红外扫描辐射计）、NOAA 极轨气象卫星 AVHRR（改进的甚高分辨率扫描辐射计）、HJ-1B 卫星 IRS（红外多光谱相机）、Terra/Aqua 卫星

MODIS（中分辨率成像光谱仪）、Landsat - 7 卫星 ETM（增强型专题制图仪）等。常用的热红外卫星通道参数见表 4.2 - 2。

表 4.2 - 2   常用的热红外卫星通道参数

卫星平台	国家	数据类型	波长/μm	星下点分辨率/m	有效载荷	通道
FY - 3	中国	远红外	10.3～11.3	1100	VIRR	4
		远红外	11.5～12.5	1100		5
NOAA	美国	远红外	10.3～11.3	1100	AVHRR	4
		远红外	11.5～12.5	1100		5
HJ - 1B	中国	远红外	10.5～12.5	300	IRS	8
Terra/Aqua	美国	远红外	10.780～11.280	1000	MODIS	31
		远红外	11.770～12.270	1000		32
Landsat - 7	美国	远红外	10.40～12.50	60	ETM	6

4.2.1.3 常用微波遥感数据

微波遥感，指利用波长 1～1000mm 电磁波遥感的统称。微波辐射和红外辐射两者都具有热辐射性质。由于微波的波长比可见光、红外线要长，能穿透云、雾而不受天气影响，所以能进行全天候全天时的遥感探测。微波遥感可以采用主动或被动方式成像。另外，微波对某些物质具有一定的穿透能力，能直接穿透植被、冰雪、土壤等表层覆盖物。因此，微波在遥感技术中是一个很有发展潜力的遥感波段。常用微波遥感卫星数据参数见表 4.2 - 3。

表 4.2 - 3   常用微波遥感卫星数据参数

卫星平台	国家/地区	频段	极化方式	最佳空间分辨率/m	带宽/km	发射年份
RADARSAT - 2	加拿大	C	单极化，双极化，四极化	3	10～500	2007
Sentinel - 1	欧洲	C	四极化	5	80～400	2014—2015
RADARSAT（3 颗卫星）	加拿大	C	四极化	3	20～500	2018
GF - 3	中国	C	单极化、两极化、全极化	1	5～650	2016—2022
HJ - 1C	中国	S	单极化	5	40～100	2012

4.2.2 水体监测

湖泊作为天然的水利资源，具有供水、航运、防洪、灌溉、养殖、调节气候等多种功能，对人类的生产生活发挥着极其重要的作用。同时，历史上湖泊洪水的泛滥也给人类社会带来过巨大的灾害。因此，加强湖泊水体监测至关重要。根据水体在近红外和红外线部分几乎全吸收及雷达波在水中急速衰减的特性，应用航空相片和机载雷达图像可以获得准确的水边线位置，可以从空间上实现对水面的动态、宏观监测。湖泊水体遥感监测突破了传统地面观测的局限性，能获取大面积、宏观的水面辐射信息，具有无法比拟的优越性。使用遥感的手段量测鄱阳湖水体面积比传统的丈量手段更简单方便，甚至比用传统量测方法获得的丈量结果精度更高。目前，遥感常被用于水体信息的提取，包括水体面积、水体富营养化、油污、热污染以及水体悬浮固体等污染类型、地下水的勘探、土壤水反演等，水体信息的提取能够扩大水环境监测面积，提升水环境监测工作的准确性和工作效率，对于环境监测、水资源调查以及合理的规划利用等提供更加科学合理的数据支持，促进人与自然的和谐发展。

4.2.2.1 常用监测方法简介

水体的波谱曲线与其他地物明显不同，这正是将水体提取出来的依据。水体波谱特征曲线如图 4.2-1 所示。

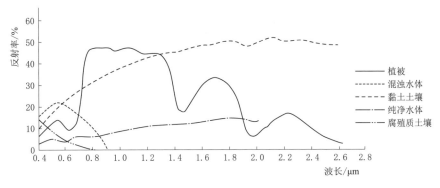

图 4.2-1　水体波谱特征曲线

天然水体对 $0.4 \sim 2.5 \mu m$ 电磁波的吸收明显高于大多数其他地物，因而其反射率在整个波段都很低，在近红外部分更为突出。它在整个波谱段内的反射率一般都在 3% 左右，在彩色遥感影像上表现为暗色调。对于清水，一般为 4% ~ 5%，并随着波长的增大逐渐降低，到 $0.6 \mu m$ 处开始下降至 2% ~ 3%，到 $0.75 \mu m$ 以后的近红外波段，水体几乎成为全吸收体，所以水体在近红外及中红外波段的反射能量很少，而植被、土壤在这两个波段内的吸收能量较小，且有较高的反射特性，使水体在这两个波段上与植被和土壤有明显的区别。因此，在近红外的遥感影像上，清澈的水体呈黑色。另外，水体在微波范围内反射率也较低，约为 0.4%，平坦的水面，后向散射很弱，在侧视雷达影像上水体呈黑色。故可使用可见光、近红外以及雷达影像进行湖泊水域面积的监测提取。

1. 水质监测

目前，常用的遥感水质监测方法有模型分析法、半经验分析法、经验分析法等三种。

模型分析法主要是基于水体的辐射传输模型，根据纯水、叶绿素、悬浮物、黄色物质等的光谱特性，并利用遥感影像与水中各组分的吸收系数、后向散射系数关系模型，获取水质参数信息。在运用模型分析法对水质进行遥感监测时，往往由于被监测水体的固有光学性质较为复杂，使得建立分析模型难度较大。

半经验分析法在一定程度上考虑了水体和各类污染物质的光学特性，利用最佳的波段或波段组合数据与实测水质参数值之间的统计关系进行水质参数估算，现阶段支持向量机模型、人工神经网络模型等水质反演模型，运用较为广泛。研究表明，半经验分析法与传统的经验模型相比，具有更高的反演精度和较好的可移植性。半经验分析法同时兼顾了统计特征和水体的光谱特征，在选择适当的反演模型和波段组合后，还需针对不同季节和地域的水质，对模型参数进行修正，该类方法较为稳定，是目前最为常用的水质监测方法。

经验分析法较为简单，主要根据遥感数据与地面实测水质参数值之间的统计关系，通过运用不同的统计回归模型，从而反演整个监测区域的水质参数值。经验分析法虽然能够快速建立遥感影像与实测数据之间的统计关系，取得良好的反演结果，但该方法中的实测水质参数与遥感数据之间的关系缺乏物理依据，针对不同季节和区域的水质监测，难以建立统一的数据反演模型。

2. 土壤水分反演

基于光学遥感的土壤水分反演主要利用光学遥感数据（包括可见光、近红外、热红外通道卫星影像）计算植被指数、地表温度、地表反照度等地表参数，根据遥感模型计算得到土壤含水量。具体可分为：①可见光和近红外：利用植被指数监测旱情；②热红外：通过测量地表温度日变幅、地表昼夜温差、冠层与空气温差估测土壤湿度；③微波：测量雷达后向散射系数以及测量微波辐射和亮温来计算土壤湿度；④可见光、近红外和热红外：利用植被指数与地表温度的关系估测土壤湿度；⑤可见光、近红外和微波：利用可见光和近红外信息来估测植被覆盖，用微波估算粗糙度和土壤水分。遥感方法可以快速获得大面积的土壤水分信息，成本低，但由于模型的复杂程度不同，适用范围和精度各异。

3. 地下水监测

遥感技术应用于地下水勘探评价始于 20 世纪 60 年代。科学家们利用热红外航空相片数据来提取地形地貌信息和基础的水循环模型，从而判断出地下水的存在。进入 20 世纪 80 年代，随着遥感技术的发展，出现了多角度、多波段、多时相、高光谱和微波多极化遥感的多种方式的遥感。利用遥感数据来提取与地下水关系密切的土壤水分、地表温度、湿度和植被等环境因素的方法开始得到应用。

利用遥感技术来进行地下水找水的方法是以遥感数据作为信息源和调查手段，既可以由点到线到面，也可以由面到线到点。应用遥感手段寻找地下水主要有两条途径：第一条途径是水文地质遥感信息分析法：从遥感图像中提取水文、岩性、地质构造等水文地质信息，利用水文地质学的相关理论进行分析，从而确定出有利的蓄水构造，进而推断出地下水的富集区；第二条途径是环境遥感信息分析法：在遥感图像中提取出与地下水相关的河流、湖泊、植被和其他水系等环境因素，根据这些环境信息与地下水之间的依存或者制约关系，推断地下水的存在情况以及地下水的富集状况。

4.2.2.2　鄱阳湖水体监测实践

鄱阳湖水体面积洪枯期变幅巨大，但受鄱阳湖地形复杂的影响，采用传统的测量手段周期长、成本高、难度大且多为水下测量，易产生较大误差，而卫星影像凭借其光谱量化等级高、周期短、资料易接收等优势，且为实际所见，可以克服这些缺点，只要分辨率高和成像时天气好，计算的数据精度能满足水体面积计算要求。

1. 数据来源

使用的数据包括具有较高时间和光谱分辨率的 MODIS 数据、较高空间分辨率的 Landsat TM/ETM＋以及 MSS、雷达影像数据。

2. 监测方法

近红外波段对于判别水陆边界、陆地植被最为有效，但由于卫星遥感图像受太阳高度角和传感器视角及大气状况的影响不够稳定，如果只用近红外波段反射率来进行植被与水体的遥感会产生很大的误差，为克服它们的影响，通常采用光谱相对量及植被指数作为植被和水体的判别标准。以鄱阳湖提取为例，MODIS 遥感数据的通道 1 为红光区（$0.62\sim0.67\mu m$），水体的反射率高于植被；通道 2 为近红外区（$0.841\sim0.876\mu m$），植被反射率明显高于水体，采用多波段法可以较好地实现水体信息提取。可采用归一化植被指数 NDVI（Normalized Difference Vegetation Index，NDVI）进行水体提取：

$$NDVI = \frac{CH_2 - CH_1}{CH_2 + CH_1} \qquad (4.2-1)$$

式中：CH_1、CH_2 分别为 MODIS 遥感数据通道 1、通道 2 的地表反射率。

在 NDVI 图像中，水体的 NDVI 值很低为负值，而植被、土壤的则较高，可以通过设置恰当的阈值来构建区分水体和植被、土壤的判别条件。2018 年 4 月（星子站水位 9.96m）鄱阳湖区 MODIS 遥感影像和利用 NDVI 提取的水体见图 4.2-2。

（a）MODIS遥感影像　　　　　　　　　（b）利用NDVI提取的水体

图 4.2-2　2018 年 4 月鄱阳湖区 MODIS 遥感影像和利用 NDVI 提取的水体

　　光学遥感受天气条件的影响较大，在阴雨天气情况下无法及时监测。相对于光学遥感，合成孔径雷达（Synthetic Aperture Radar，SAR）具有全天候、全天时的特点，可以连续地获取数据，确保监测工作的连续性。另外，雷达对于水的反应非常敏感，容易确定水陆的边界，适合全天候水体的识别和监测。

　　在雷达图像上提取水体，可以用人机交互方式确定水体提取的灰度阈值。以 Sentinel-1 数据提取鄱阳湖水体为例，它采用预编程、无冲突的运行模式，可以实现湖区长时间序列的高分辨率监测。

　　图 4.2-3 为 2016 年 6 月 12 日鄱阳湖区未经预处理的雷达影像，图 4.2-4 为鄱阳湖区经过预处理的水体、陆地二值图。可发现，原始雷达影像的斑点噪声被有效抑制，倒置的原始影像被纠正，水陆界线更为明显，水体与陆地能够很好地区分开来，水体轮廓更为清晰。

　　3. 湖体面积、容积提取

　　鄱阳湖区域较大的水体单元包括通江湖体、军山湖、青岚湖、禾斛岭、康山、蚌湖、珠湖、新妙湖、南湖和大湖池等部分（见图 4.2-5），将上述单元分别统计面积，但分析水位—面积、水位—容积关系时，只考虑大湖池、南湖、蚌湖等天然湖体部分，人工围起来的军山湖、青岚湖、禾斛岭、康山、珠湖、新妙湖等内湖区域的水体面积受外湖水位影响较小，本书不做分析。

图4.2-3　2016年6月12日鄱阳湖区   图4.2-4　2016年6月12日鄱阳湖区
　　　　未经预处理的雷达影像　　　　　　经过预处理的水体、陆地二值图

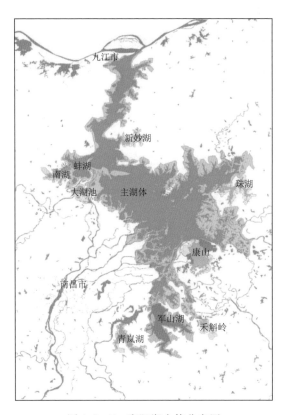

图4.2-5　鄱阳湖水体分布图

39

使用 MODIS 数据 110 余景，Landsat 系列卫星数据 24 景，RADASET、ENVISET 雷达数据各 1 景，对应星子站水位 7~19m，时间为 1983—2008 年且各月均有数据覆盖，提取鄱阳湖水体。鄱阳湖水体面积提取结果见表 4.2 - 4，水位采用鄱阳湖水位代表站星子站数据。

表 4.2 - 4　　　　　　　　鄱阳湖水体面积提取结果表（部分）

获取日期	星子站水位/m	面积/km²					数据来源
		大湖池	南湖	蚌湖	通江湖体	合计	
1989 - 07 - 15	19.38	—	—	—	3164.90*	3164.90	ETM
2004 - 02 - 16	7.31	14.63	13.88	25.81	633.63	687.95	MODIS
2004 - 09 - 24	16.07	30.31	25.88	94.63	2331.75	2482.57	MODIS
2005 - 06 - 29	17.23	—	—	—	2927.88*	2927.88	MODIS
2006 - 03 - 30	12.08	17.00	23.56	39.81	1464.75	1545.12	MODIS
2006 - 11 - 01	10.00	19.06	22.38	37.25	954.44	1033.13	MODIS
2006 - 12 - 29	8.04	16.56	16.31	25.63	792.75	851.25	MODIS
2007 - 10 - 05	14.99	31.06	30.88	89.32	2214.58	2365.84	TM

注　* 表示此时大湖池、南湖、蚌湖已连片，成为通江湖体。

（1）水位—面积关系分析。鄱阳湖湖体面积随星子站水位的增长基本呈增大的趋势，但在 10~15m 水位区间，相同水位时，湖体面积仍存在较大变化。例如 2004 年 5 月 5 日与 2005 年 10 月 31 日，星子站水位分别为 12.32m 和 12.54m，从遥感图像上提取的湖体面积分别为 1726.34 km² 和 1592.97 km²。2004 年 5 月 5 日星子站水位比 2005 年 10 月 31 日低 0.22m，湖体面积反而大 133.37km²。从表 4.2 - 5 可以看出，虽然星子站两者水位比较接近，但湖口站水位相差却比较大，说明测站之间水位变化同步性不一致。

表 4.2 - 5　　　　　　　　湖体面积与不同水文站水位关系比较

日　期	星子站水位/m	湖口站水位/m	通江湖体面积/km²
2004 - 05 - 05	12.32	11.87	1726.34
2005 - 10 - 31	12.54	12.39	1592.97

（2）不同季节鄱阳湖湖体面积变化分析。为分析鄱阳湖湖体面积与水位的关系，收集 1993—2008 年鄱阳湖区各站的水文资料，包括星子、湖口、康山、都昌、吴城等站点，分析各测站间水位变化的规律。由于湖口站与星子站的水位资料较全，且代表性也比较好，以这两个站为主进行分析。

图 4.2 - 6 为各水文站与星子站同期水位差变化情况（2008 年）。图 4.2 - 7 为湖口站、星子站同期水位差年内变化。从图 4.2 - 6 和图 4.2 - 7 中可见：

各水文站水位与星子站水位差年内变化趋势基本相同，7—10月，水位高差都比较小，其余月份的水位高差都有不同程度的差异，尤其在12月底和1—5月，水位高差较大。从图4.2-7中可看出，湖口站与星子站同期水位高差季节性比较强，具有明显的规律波动性。

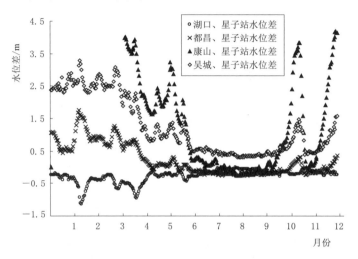

图4.2-6　各水文站与星子站同期水位差年内变化（2008年）

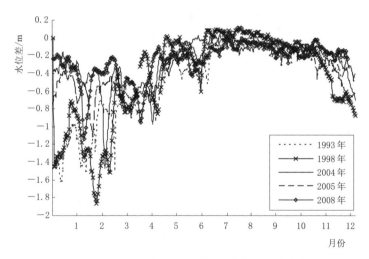

图4.2-7　湖口站、星子站同期水位差年内变化

由于各站水位变化的不同步性，造成不同的季节同一个测站即使水位相同，湖体面积也存在差异的现象。鄱阳湖面积的这种季节性变化，主要原因包括鄱阳湖形态、测站位置、退水和涨水过程中鄱阳湖的供水变化对水体面积的影响等因素。高水位为湖相，湖面广阔，不仅调蓄作用大，而且受长江的顶托

和倒灌，湖流为顶托型或倒灌型，鄱阳湖水位沿程落差很小；枯水时湖水落槽，湖流明显改变，近似河流特性，水位依主槽坡降重力作用而变化，水位沿程落差较大。在水位相同的情况下，涨水段（1—6 月）与退水段（8—12 月）差异显著，一般涨水段的水位落差大于退水段。

由于鄱阳湖面积与星子站水位与季节变化关系紧密，将计算的湖体面积以 7 月为界，按季节分成上下半年两部分，并绘出水位—面积关系散点图。从图 4.2-8 可以看出，鄱阳湖水体面积随星子站水位的升高而呈增大趋势，水位在 11～15m 时，上半年（1—7 月）面积比下半年（8—12 月）略大，水位高于 15m 时，面积递增趋势较稳定，受季节影响较小，水位低于 11m 时，即使水位—面积点稍离散，但由于本身面积较小，可近似认为与季节无关。

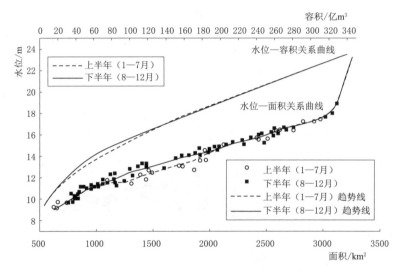

图 4.2-8　鄱阳湖星子站水位—面积、水位—容积关系曲线
（高程 19.00m 以上的面积数据为长江委地形测量成果）

根据图 4.2-8 可拟合出两个时间段的鄱阳湖星子站水位—面积关系曲线，水位高于 19m 时，面积数据引用长江委地形测量成果。

（3）水位—容积关系分析。求出水位—面积关系曲线后，利用式（4.2-2）可推出鄱阳湖水位—容积关系曲线：

$$V = \sum_{i=1}^{n} V_i \qquad (4.2-2)$$

其中

$$V_i = S_{i-1} \Delta h_i + \frac{\Delta S_i \Delta h_i}{2}$$

式中：V 为某一水位时的容积；Δh_i 为两次相邻水位的星子站水位差；S 为水面面积；n 为次数；i 为序数。当 Δh 足够小时，水体淹没区域与地形更接近。

最低水位 7.37m 时的容积按《鄱阳湖研究》（鄱阳湖研究编委会，1988）中的值替代。

（4）湖体面积的动态监测。快速、准确、科学地模拟、预测和显示洪水淹没范围，对发挥防洪工程效益以及防洪减灾和洪灾评估等具有重要意义。遥感为洪水淹没范围分析提供了有效手段，当发生特大洪涝灾害时，可以获取洪涝发生前后的鄱阳湖影像，分别提取相应水体范围并进行相减，即可计算出湖区洪水淹没范围及淹没面积，实现鄱阳湖面积的动态监测。由于遥感图像受数据获取手段、卫星过境、购买成本以及天气情况的影响，遥感图像难于快速获取，这种情况下则可通过查上述鄱阳湖水位—面积、水位—容积关系曲线，获得相应面积和容积，通过比较对应时相和季节的历史遥感图像，还可动态获得洪水淹没情况。

4.2.3　岸线监测

为落实江西省湖长制关于加强湖区水域岸线管理与保护相关任务，严格湖区水域岸线生态空间管控，开展河湖岸线快速、动态监测成为主要内容。遥感监测河湖岸线变化情况的工作内容包括获取河湖水域岸线管理控制区卫星遥感影像数据，制作数字正射影像图，提取水域岸线，非法围垦、非法采砂、非法码头、违规建筑等侵占、破坏河道和湖区的行为监测等。

开展河湖水域岸线遥感动态监测，将为水政执法部门开展执法监察工作提供有力依据，提高行政执法效率。通过对江河湖泊存在的乱占乱建、乱围乱堵、乱采乱挖、乱倒乱排、乱捕滥捞等突出问题加大执法力度，严厉打击各类违法犯罪行为，加强水管理，防治水污染，保护水资源，呵护水生态，维护河湖健康生命，逐步实现河畅、水清、岸绿、景美。

从卫星影像中提取河湖线的方法有很多种，最简单的方法为目视解译法。但是，这种方法不但费时费力，且枯燥无味。前人在自动提取河湖岸线方面开展了大量的研究工作，提出许多图像边缘提取的方法，如灰度阈值法、区域生长法、图像边缘检测法（包括 Roberts 算子、Prewitt 算子、Sobel 算子、Canny 算法等）、基于小波变换的多尺度边缘提取算法等。

4.2.3.1　常用监测方法简介

1. 灰度阈值法

灰度阈值法，基本思想是首先确定一个阈值，然后将灰度值大于给定阈值的像元统一判归为某一种物体，将灰度值小于等于给定阈值的像元统一判归为另一类物体。阈值确定后，对图像逐点进行处理，得到分割后的图像。

如果被分割的物体内部灰度值比较均一并且它周围背景的灰度值也比较均一，使用灰度阈值法可以取得比较理想的效果。但在近岸水体比较混浊的情况下，很难选择一个理想的阈值把海洋和陆地区分开来。

2. 区域生长法

区域生长法是基于相似性准则建立的一种图像分割方法，其基本思路是将图像中满足某种相似性准则的像元集合起来构成区域。具体做法是从一个像元（种子像元）开始，在各个方向上向外扩展以生成区域，当某一邻接像元满足相似性测量指标时就将其并入以种子像元为中心所形成的区域，当新的像元被合并后，再用新的区域重复上面的过程，直到没有再满足相似性条件的像元被包括进来，生长过程终止。

区域生长是一个迭代过程，每一步都需要重新计算被扩大区域的物体成员隶属关系并消除弱边界。当没有可以消除的弱边界时，区域合并过程结束，图像分割也就完成。检查这个过程会使人感觉这是一个物体内部的区域不断增长、直到其边界对应于物体的真正边界为止的过程。区域生长法计算开销较大，能够直接和同时利用图像的若干性质来决定最终边界的位置。它在自然景物的分割方面能显示比较好的性能。

3. 图像边缘检测法

图像边缘是指周围像素灰度有阶跃变化的那些像素的集合。图像边缘对应着图像灰度的不连续性，且真实图像边缘通常都具有有限的宽度，呈现出陡峭的斜坡状。边缘检测通过检测每个像素和其直接邻域的状态，以决定该像素是否处于一个物体的边界上。图像边缘检测法分两步进行：先对图像进行滤波，然后用导数算子求出图像梯度和方向。假如一个像素在图像中的某一边界上，那么它的邻域将成为一个灰度级变化的带。对于这种变化最有用的两个特征是灰度的变化率和方向，它们分别以梯度向量 ∇f 来表示：

$$\nabla f = \left(\frac{\partial f}{\partial x}, \frac{\partial f}{\partial y} \right) \tag{4.2-3}$$

梯度向量的大小和方向是由式（4.2-4）和式（4.2-5）计算：

$$\nabla f = \sqrt{\left(\frac{\partial f}{\partial x} \right)^2 + \left(\frac{\partial f}{\partial y} \right)^2} \tag{4.2-4}$$

$$\theta = \tan^{-1} \left(\frac{\frac{\partial f}{\partial y}}{\frac{\partial f}{\partial x}} \right) \tag{4.2-5}$$

边缘检测算子就是通过检查每个像元的邻域并对其灰度进行量化来达到确定边界，而且大部分的检测算子可以确定方向。边缘检测算子大多数基于方向导数掩模求卷积方法，最常用的有 Roberts 算子、Prewitt 算子、Sobel 算子、

Canny 算法。

4.2.3.2 鄱阳湖区岸线监测实践

本书以 1973—2009 年的遥感影像作为主要数据源，对鄱阳湖五河入湖口实行变化动态监测，通过平面形态特征信息提取，预测河道和入湖口可能的演变趋势。

1. 数据来源

本书在研究中收集了 1973—2009 年的鄱阳湖赣江尾闾 MSS 和 TM 影像数据，详见表 4.2-6。由于使用的影像数据时间跨度近 40 年，各时相遥感数据成像季节不同，相应的水位也不相同，水位变化会影响水边线的位置，起伏较大时会造成解译结果不具有可比性，而河道演变是直接体现在岸滩、心滩上变化的，为了使影像解译结果具有可比性，要求水文条件近似、河道滩槽分明，故本书选取鄱阳湖枯季影像。一般情况下，随着流域 3 月下旬进入汛期，鄱阳湖水位开始抬升，7 月达最高水位，此后受长江 7—9 月汛期洪水的影响，湖泊水位维持至 10 月开始稳定下降，至次年 1—2 月水位降至最低点。

表 4.2-6　　　　　　　　　　研究区影像的选取

序号	选取日期	影像类型
1	1973-12-24	MSS
2	1984-11-06	MSS
3	1993-01-31	TM
4	2004-12-15	TM
5	2009-02-12	TM

2. 监测方法

鄱阳湖岸线动态信息识别主要有河湖及周边设施现状信息、变化信息和分类信息等的识别。其中，变化信息识别是动态遥感监测的直接目的。变化检测方法流程图见图 4.2-9。

3. 鄱阳湖五河入湖口岸线变化监测

五大入湖河流携带的大量泥沙在入湖口处沉淀淤积，促使湖区的滩地不断向前延伸。河口的淤积会形成三角形堆积体，或由径流形成扇形的冲积扇。五河入湖口各年份平面演变统计见表 4.2-7。

表 4.2-7　　　　　　五河入湖口各年份平面演变统计表　　　　　单位：km²

演变统计		1973 年	1984 年	1993 年	2004 年	2009 年
修河和赣江主支入湖口	水面	47.676	55.120	20.734	29.424	22.419
	滩地	68.437	60.168	93.978	86.851	93.805

续表

演变统计		1973 年	1984 年	1993 年	2004 年	2009 年
赣江中支入湖口	水面	31.738	26.327	14.560	9.291	6.266
	滩地	13.869	19.281	31.047	36.317	39.342
赣江南支、抚河和信江入湖口	水面	18.599	17.433	12.949	14.254	13.460
	滩地	41.681	42.781	47.264	45.960	46.755
饶河入湖口	水面	4.508	6.605	4.656	3.820	3.947
	滩地	12.247	10.905	12.205	13.739	13.393

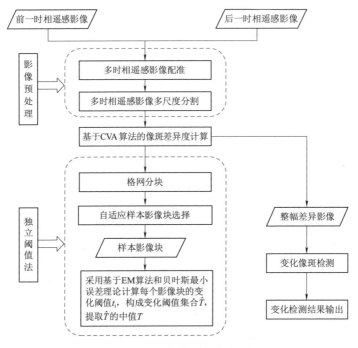

图 4.2-9 变化检测方法流程图

（1）修河和赣江主支入湖口。赣江主支与修河于吴城汇合并从西何村的西面流入鄱阳湖，图 4.2-10 为入湖口滩地与水体的演变过程，图中的"其他"为山体和居民地。从图 4.2-10 可见滩地在 1973—2009 年呈现缩减拓宽迁回变化的状况，滩地面积从 1973 年的 68.437km^2 扩张到 1993 年的 93.978km^2。20 世纪 90 年代末人类活动使得淤积开始减少，但 21 世纪以来五河的水土流失导致泥沙入湖淤积，使湖床淤泥抬高。

（2）赣江中支入湖口。赣江中支入湖口为朱港下游部分区域，呈现扇状的冲淤体，向湖中逐渐没入水下，露出水面的部分淤积地长有水草，本书统称为

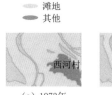
（a）1973年

（b）1984年

（c）1993年

（d）2004年

（e）2009年

图 4.2-10　修河入湖口滩地与水体的演变过程

滩地。滩地上分布着河流的曲线，这些曲流上接入湖的赣江中支，下接鄱阳湖。图 4.2-11 为赣江中支入湖口滩地与水体的演变过程。由图 4.2-11 可见滩地逐年淤胀，2009 年其面积为 39.342km²，为 1973 年的 2.8 倍。由图 4.2-11 可知，入湖河道向湖区延伸为多条分岔河流。

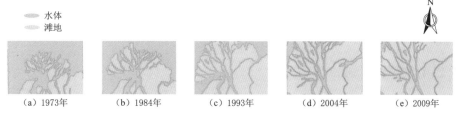
（a）1973年　　（b）1984年　　（c）1993年　　（d）2004年　　（e）2009年

图 4.2-11　赣江中支入湖口滩地与水体的演变过程

（3）赣江南支、抚河和信江入湖口。枯水期赣江南支、抚河和信江干流在莲池汇入康山河，并流入鄱阳湖。选取康山下游区域反映三河入湖口形成滩地的变化情况。抚河三角洲平面上呈不规则形态，在其发展过程中与赣江南支汇合形成鸟爪状洲地，总体上由西南向东北朝湖区延伸。图 4.2-12 为三河入湖口滩地与水体的演变过程。由图 4.2-12 可知该入湖口主河道方向淤积不明显，主要在河流东、西两侧入湖区发生淤积。1973—2009 年滩地面积呈逐步上升的趋势，1984—1993 年期间增长量达 4.483km²，滩地朝东北面湖区方向扩张推进，后期滩地面积基本保持稳定，滩地淤涨有所减缓。

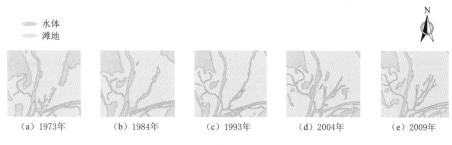
（a）1973年　　（b）1984年　　（c）1993年　　（d）2004年　　（e）2009年

图 4.2-12　三河入湖口滩地与水体的演变过程

（4）饶河入湖口。乐安河和昌江在鄱阳汇流成饶河，再由饶河于龙口流入鄱阳湖主湖区。图 4.2 - 13 为饶河入湖口滩地与水体的演变过程，图中的"其他"代表山体和居民地。由图 4.2 - 13 可见滩地向湖内伸展比较缓慢，1984年滩地淤积有所减少，湖床水位抬高，龙口下游的沙滩在 1993 年演变为淤泥滩，至 2009 年入湖河道已经明显萎缩，滩地向湖体推进。近年来入湖口变化比较弱。

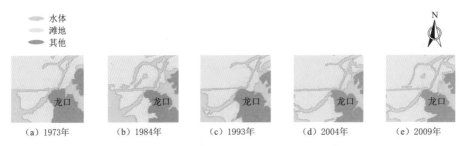

图 4.2 - 13　饶河入湖口滩地与水体的演变过程

4.2.4　植被监测

植被在地球上占有很大的比例，陆地表面的植被常是遥感观测和记录的地表层，是遥感图像反映的最直接的信息，也是人们研究的主要对象。作为地理环境重要组成部分的植被，与一定的气候、地貌、土壤条件相适应，受多种因素控制，对地理环境的依赖性最大，对其他因素的变化反映也最敏感。因此，人们往往可以通过遥感所获得的植被信息的差异来分析那些图像上并非直接记录的隐含在植被冠层以下的其他信息，如水土资源、蚀变带与矿藏、地质构造、自然历史环境演变遗留的痕迹等。

4.2.4.1　常用监测方法简介

遥感图像上的植被信息，主要是通过绿色植物叶片和植被冠层的光谱特性及其差异变化而反映的。不同光谱通道所获得的植被信息与植被的不同要素或某种特征状态有各种不同的相关性，如叶片光谱特性中，可见光谱段受叶片叶绿素含量的控制、近红外谱段受叶片内细胞结构的控制、短波红外谱段受叶细胞内水分含量的控制。再如，可见光中绿光波段 $0.52 \sim 0.59 \mu m$ 对区分植物类别敏感；红光波段 $0.63 \sim 0.69 \mu m$ 对植被覆盖度、植物生长状况敏感等。但是，对于复杂的植被遥感，仅用个别波段或多个单波段数据分析对比来提取植被信息是相当局限的。因而往往选用多光谱遥感数据经分析运算（加、减、乘、除等线性或非线性组合方式），产生某些对植被长势、生物量等有一定指示意义的数值，即所谓的"植被指数"。它用一种简单而有效的形式，仅用光谱信号，不需其他辅助资料，也没有任何假设条件，来实现对植物状态信息的表达，以定性和定量地评价植被覆盖、生长活力及生物量等。

随着定量遥感的逐步深入，遥感植被监测研究已向更加实用化定量化方向发展，目前已提出了几十种植被指数模型，研究植被指数与生物物理参数（叶面积指数、叶绿素含量、植被覆盖度、生物量等）植被指数与地表生态环境参数（气温、降水量、蒸发量、土壤水分等）的关系，以提高植物遥感的精度，下面简要介绍以下几种常用类型。

1. 比值植被指数（RVI）

RVI 是绿色植物的一个灵敏的指示参数。研究表明，它与叶面积指数（LAI），叶干生物量（DM）、叶绿素含量相关性高，被广泛用于估算和监测绿色植物生物量。在植被高密度覆盖情况下，它对植被十分敏感，与生物量的相关性最好。但当植被覆盖度小于 50% 时，它的分辨能力显著下降。此外，RVI 对大气状况很敏感，大气效应大大地降低了它对植被检测的灵敏度，尤其是当 RVI 值高时。因此，最好运用经大气纠正的数据，或将两波段的灰度值（DN）转换成反射率（ρ）后再计算 RVI，以消除大气对两波段不同非线性衰减的影响。

2. 归一化植被指数（NDVI）

针对浓密植被的红光反射很小，其 RVI 值将无界增长，首先提出将简单的比值植被指数 RVI，经非线性归一化处理得到 NDVI，使其比值限定在 [−1, 1] 范围内。实际上，NDVI 是 RVI 经非线性的归一化处理所得。在植被遥感监测中，NDVI 的应用最为广泛。原因在于：①NDVI 是植被生长状态及植被覆盖度的最佳指示因子。许多研究表明 NDVI 与 LAI、绿色生物量、植被覆盖度、光合作用等植被参数有关。②NDVI 经比值处理，可以部分消除与太阳高度角、卫星观测角、地形、云/阴影和大气条件有关的辐照度条件变化（大气程辐射）等的影响。③对于陆地表面主要覆盖而言，云、水、雪在可见光波段比近红外波段有较高的反射作用，因而其 NDVI 值为负值（<0）；岩石、裸土在两波段有相似的反射作用，因而其 NDVI 值近于 0；而在有植被覆盖的情况下，NDVI 为正值（>0），且随植被覆盖度的增大而增大。几种典型的地面覆盖类型在大尺度 NDVI 图像上区分鲜明，植被得到有效的突出。因此，它特别适用于大尺度的植被动态监测。

3. 差值植被指数（DVI）

差值植被指数（DVI）被定义为近红外波段与可见光红波段等波段数值之差。差值植被指数的应用远不如 RVI、NDVI。它对土壤背景的变化极为敏感，有利于对植被生态环境的监测，因此又称环境植被指数（EVI）。另外，当植被覆盖浓密（≥80%）时，它对植被的灵敏度下降，适用于植被发育早～

中期，或低～中覆盖度的植被检测。

4.2.4.2　湖泊湿地植被遥感监测实践

鄱阳湖湿地属湖滩草洲湿地，每年的 4—9 月汛期，湖水上涨，水生植物大量繁殖。10 月至次年 3 月枯水期间，水位下降，形成大面积湖滩、草洲、沼泽和浅水湖泊。植被类型与群落随着湖底高程和相应水深变化呈现垂直分带性，不同季节水域淹没范围和植被覆盖状况不同，呈现周期性干湿交替的动态变化。

受人类活动和气候变化等因素的影响，鄱阳湖区枯水位降低、枯水期提前和延长，导致湖面缩小，湖区枯水期生态功能不断衰退。遥感技术在湿地调查、动态监测及湿地保护中应用广泛。本书利用遥感技术开展鄱阳湖湿地植被的多年连续监测，重点分析 10—12 月秋冬枯水期湿地植被的变化规律。

1. 数据来源

随着遥感和空间技术的迅速发展，同一地区可以获得多传感器、多波段、多分辨率、多时相等多源遥感影像数据，为监测鄱阳湖湿地奠定了基础。美国陆地卫星 Landsat 4、Landsat 5、Landsat 7 提供的 TM（ETM＋）图像数据波段覆盖范围广，空间分辨率为 30m；MODIS 数据虽然空间分辨率较低（最高 250m），但具有很好的时间分辨率，每天均可获得 2 次过境数据，适合长时间连续监测。根据上述特点，以 MODIS 和 Landsat 为数据源开展湿地植被监测，MODIS 数据主要用来宏观监测湖区湿地植被面积变化，Landsat 数据则用于湿地植被的分类研究。

2. 湿地植被地类的识别

湿地分类是所有湿地研究的基础，本书参考有关湿地的定义、相关研究及鄱阳湖现状，建立鄱阳湖湿地分类系统。不同的地类都有其自身的光谱特性，在影像中表现为反射率的差异，分类前需要对每类地物在影像上的波谱特征进行分析。

由于相同地类在不同季节的影像中也存在一定的差异，故分类时常常针对每景影像具体分析。以 2004 年 5 月 21 日的 Landsat 影像数据为例，表 4.2-8 为部分地物不同波段反射率特征，图 4.2-14 为从该影像上提取的地类波谱特征曲线。

表 4.2-8　　Landsat TM 影像数据部分地物特征（2004-05-21）

地类＼波段	反　射　率					
	band1	band2	band3	band4	band5	band7
水田	0.186	0.097	0.100	0.274	0.188	0.117
旱地	0.183	0.093	0.098	0.279	0.184	0.142
草洲	0.166	0.082	0.074	0.304	0.207	0.093
林地	0.149	0.072	0.065	0.258	0.164	0.073

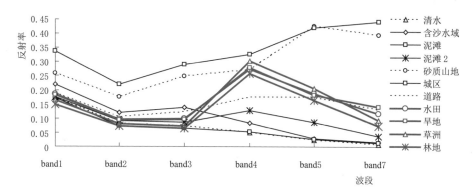

图 4.2-14　地类的波谱特征曲线（Landsat TM 2004-05-21）

由图 4.2-14 可见，根据波谱特性可将地类大致划分为 3 类：高含水区（包括清水、含沙水域、泥滩）、植被（包括水田、旱地、草洲、林地，图 4.2-14 红线部分）、非植被（包括砂质山地、城区、道路）。植被区在第 4 波段有陡峰，使用 NDVI>0 且 TM5<TM4 法则，可以被区分出来。

单景影像的地物常存在同物异谱和异物同谱现象，难于区分。NDVI 时间序列数据记录了植被不同时期的生长状况，可以提高分类的准确性。受云层影响，很难收集到整年不同时期的 Landsat 数据。由于鄱阳湖区相同地类生长特征年际变化不大，本书共收集 24 景 Landsat 系列卫星数据，通过选取每月质量较好的 1~2 景影像合成 NDVI 时间序列数据（见图 4.2-15）。从图 4.2-15 中可以看出，草洲在高水位季节被水体淹没，其 NDVI<0，较易从水田、旱地、林地等地类中区分。

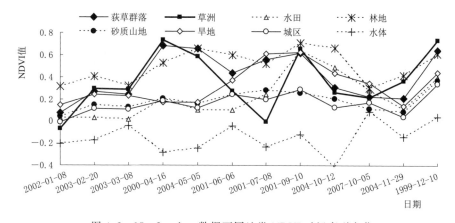

图 4.2-15　Landsat 数据不同地类 NDVI 时间序列变化

基于影像特征的分类往往存在误判现象，分类过程需结合野外 GPS 调查数据、历年专题图层、局部区域较高分辨率的解译图层及国家标准 1：100000

地理要素图层等，采用人工交互的方式对误分类结果进行修正。

3. 结果分析

（1）利用 MODIS 数据分析湿地植被变化。

1）鄱阳湖植被面积月变化监测。为掌握各月份湖区湿地植被面积的变化规律，本书收集了 2009 年各月无云 MODIS 数据，通过植被 NDVI 及其波谱特征提取湖区植被面积。图 4.2-16 为各月湿地草洲面积、星子站水位随时间变化曲线。

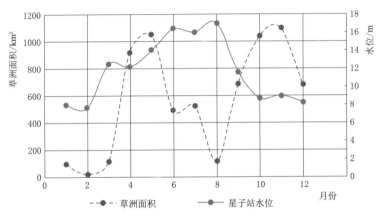

图 4.2-16　2009 年各月鄱阳湖草洲面积、星子站水位随时间变化曲线

由图 4.2-16 可见，植被覆盖面积变化每年有两个高峰期，从春季开始到 4—5 月汛期前，植被面积不断增加达到第一个高峰，进入汛期后随水位的上涨植被逐渐被淹没，面积减小；汛期过后，随着水位下降，植被面积再次增加达到第二个峰值；到秋冬季后，植被枯萎腐烂，面积减小，全年最大面积超过 1000km² ，最小不到 100km² 。

2）鄱阳湖秋冬季植被面积变化监测。夏季鄱阳湖植被生长旺盛，其覆盖面积与水位有较强相关性，通过水位变化可间接推测湖区植被变化规律，本书着重分析汛期过后秋冬季湖区植被多年变化情况。影像选用 2003—2009 年 10—12 月无云的 MODIS 数据，面积计算结果见表 4.2-9 和图 4.2-17、图 4.2-18 分别为同期鄱阳湖湿地植被面积、星子站逐日水位变化。

每年 10 月开始，植被面积逐步上升，11 月中下旬达到峰值，然后逐步下降。同期水位总体呈下降趋势，12 月达到最低，其中 2005 年、2008 年 11 月受水位偏高的影响，其植被较其余年份偏小。

10—11 月，植被面积差异主要受水位影响，水位与植被面积呈现负相关，如 2009 年水位低则植被面积偏大。10 月水位年际变幅 6.52m，植被面积变幅 629.9km² ；11 月水位变幅 5.90m，植被面积平均为 996.3km² ，变幅 337.4km² ，

表 4.2 - 9　　　　　　10—12 月鄱阳湖湿地植被面积计算结果

日　期	面积/km²	水位/m	日　期	面积/km²	水位/m	日　期	面积/km²	水位/m
2009 - 10 - 30	1039.6	8.74	2009 - 11 - 22	1098.9	9.04	2009 - 12 - 21	680.6	8.26
2009 - 10 - 04	682.8	11.65	2008 - 11 - 12	761.5	14.91	2008 - 12 - 10	670.1	10.26
2008 - 10 - 15	535.3	13.17	2007 - 11 - 11	1047.1	9.51	2007 - 12 - 03	711.3	8.02
2007 - 10 - 04	409.7	15.20	2007 - 11 - 05	916.9	9.86	2006 - 12 - 20	512.8	8.69
2006 - 10 - 15	803.3	8.68	2006 - 11 - 11	993.6	9.01	2005 - 12 - 21	575.3	8.82
2005 - 10 - 09	633.3	14.93	2005 - 11 - 22	953.3	12.83	2004 - 12 - 12	654.2	9.17
2004 - 10 - 24	937.8	12.29	2004 - 11 - 07	1020.4	10.31	2003 - 12 - 14	642.8	8.70
2003 - 10 - 17	682.5	14.65	2003 - 11 - 23	967.1	9.37			

除 2008 年水位较高植被面积偏小外，其他年份年际差异不到 180km²，可见 11 月植被峰值面积比较稳定，受水位影响较小。

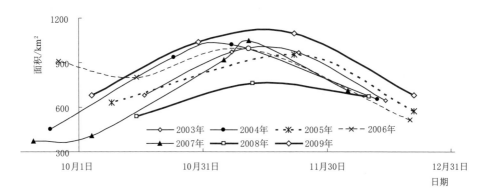

图 4.2 - 17　2003—2009 年 10—12 月鄱阳湖湿地植被面积变化

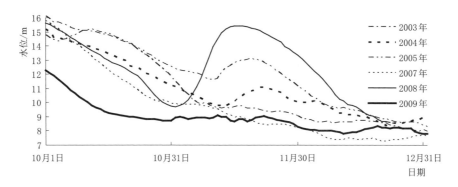

图 4.2 - 18　2003—2009 年 10—12 月鄱阳湖星子站逐日水位变化

12 月，鄱阳湖水位低于 11m，平均 9.24m，植被面积比较稳定，平均 635.3km²，受水位影响较小。气候与植被的物候特性成为此时影响植被面积的主要因素，植被逐渐枯萎减小。

（2）利用 Landsat 数据分析植被群落变化。

MODIS 数据分辨率较低仅适合宏观监测湖区湿地植被面积变化，而 Landsat 数据空间分辨率较好，其 7 个波段的数据覆盖了可见光到红外区域的范围，地物之间光谱差异也较为明显。通过分析湖区不同的植被种群的物候特征及其在 Landsat 影像中的反射率变化特点，可以对植被群落进一步分类研究。

鄱阳湖植被群落夏季茂盛、冬季枯萎，此时在遥感影像上区分植被种群难度较大。10 月下旬至 12 月，湖水位较低，植被群落较为稳定：挺水植被群落进入枯萎期甚至完全枯萎，在影像中呈现棕褐色；苔草群落的枯萎期较挺水植被群落晚，在影像中呈现棕绿色，部分仍呈黄绿色；沉水植被此时尚未完全枯萎，在影像中呈暗绿色，分布在低位滩地，向湖中蔓延。湖区植被在不同时期的生长发育节律特点，可以用于遥感影像中植被群落的识别和提取。

以 2003—2009 年 11 月的 Landsat 遥感影像为主，辅以同年不同时相遥感影像，将植被群落分为沉水植被、挺水植被（以荻、芦苇、苔草、菊叶委陵菜为主）、湿生植被（苔草为主）三类，分析出各植被群落在时间序列遥感影像中的面积变化结果见表 4.2 - 10。其中 2003 年植被仍呈绿色，湿生、挺水植被较难区分；2005 年、2008 年同期影像有大面积云覆盖数据未被采用。鄱阳湖区部分年份主要植被群落分布如图 4.2 - 19 所示。鄱阳湖蚌湖区域部分年份遥感影像局部比较如图 4.2 - 20 所示。

表 4.2 - 10　　　　　　　　不同年份鄱阳湖植被群落面积

日　期	星子站水位 /m	湿生植被面积 /km²	挺水植被面积 /km²	沉水植被面积 /km²	总面积 /km²
2003 - 11 - 03	10.8	987.9		74.5	1062.5
2004 - 11 - 29	10.13	1046.0	200.3	119.2	1365.5
2006 - 11 - 11	9.01	1081.0	182.4	130.4	1393.9
2007 - 11 - 30	8.23	1176.6	164.8	125.2	1466.6
2009 - 11 - 03	8.92	1091.7	154.7	337.5	1583.9

注　MODIS 数据分辨率较低，只能统计成片大面积绿度较高的植被，精度较低，计算结果偏小。

1）从图 4.2 - 20 可见，各年湖区植被分布范围基本一致：绝大多数分布于湖区南部和西部，东部少量分布，北部几无分布，以赣、抚、信、饶、修五大河流入湖口为主，其原因是鄱阳湖接纳五大河流的泥沙，形成了大规模的河口三角洲滩地。湿生植被主要分布于五河尾闾，挺水植被主要分布于赣江、修河、饶河入湖口附近，沉水植被分布在蚌湖、大湖池、沙湖的广大湖区、赣江

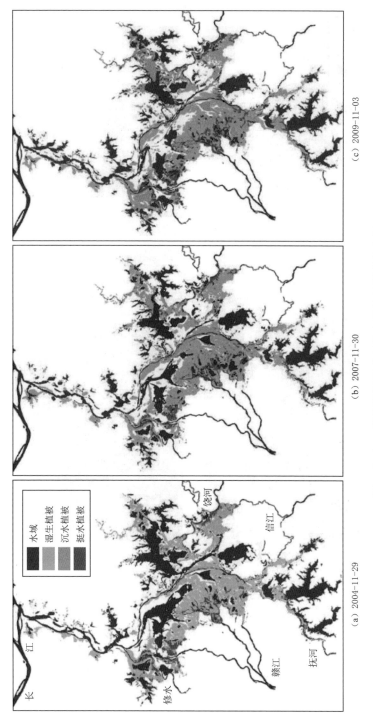

图 4.2-19 鄱阳湖湖区部分年份主要植被群落分布图

(a) 2004-11-29　(b) 2007-11-30　(c) 2009-11-03

尾闾入湖口浅水洼地及湖区东部。

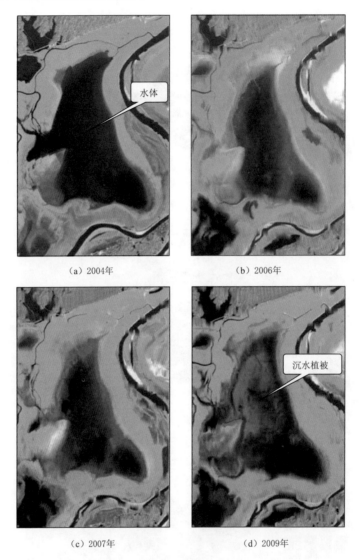

（a）2004年   （b）2006年

（c）2007年   （d）2009年

图 4.2-20　鄱阳湖蚌湖区域部分年份遥感影像局部比较图

2）根据表 4.2-10，鄱阳湖湿生植被、挺水植被和沉水植被总面积为 1062～1584km²，总面积跟水位负相关，其中湿生植被群落面积最大，占总群落的 80% 以上，其次为挺水植被和沉水植被。湿生植被面积比较稳定，平均约 1100km²，生长面积与水位有一定关系，水位高时面积小，但受水位变化的影响不是很大，主要是由于湿生植被与水体间有沙滩过渡带；挺水植被面积则与水位关系较密切，呈正相关，平均约 170km²。

3）值得关注的是沉水植被，2009 年以前，沉水植被分布面积比较稳定，平均约 125km²，年际变化比较小，但 2009 年面积达到 337.5km²，较往年同期多 200km² 以上，偏大近 2 倍。以鄱阳湖东部饶河尾闾入鄱阳湖区域和蚌湖最为显著，此时蚌湖的大部分区域均为沉水植被覆盖。

4.2.5 蒸散发监测

随着人们对水资源合理利用与定量化管理的迫切需求，各种下垫面蒸散发研究的紧迫性和重要性愈加明显。蒸散发是地表大气间能量转移的重要组成部分，是陆面过程中地气相互作用的重要过程之一，同时植被蒸腾还具有非常重要的生理学意义。随着对地表能量交换和物质迁移研究的深入，蒸散发的研究也越来越受到重视。蒸散发的准确估算对水资源和农业管理、农作物估产以及评定气候变化和人为因素对自然和生态系统的影响十分重要，尤其是那些气象数据不充足、生态重点保护的区域。

卫星遥感技术具有快速、经济、实时性、区域性和重复性等特点，尤其是可以利用它的可见光、近红外和热红外多个波段较为精确地提取一些地表特征参数（如地表反照率、植被指数及净辐射量等）和热信息，为蒸散发的估算从田间走向区域、定性走向定量半定量奠定了基础。依靠遥感信息或者较少的地表信息来精确确定地表通量的区域分布信息，是区域蒸散发研究的趋势。在全球水资源日益匮乏的情况下，为了合理利用和分配水资源，愈加需要深入了解不同植被覆盖和土地利用条件下的耗水情况。我国湿地大都地处偏远且难以进入，遥感技术多平台、多时相、定量化、信息丰富等特性促进了湿地研究。

4.2.5.1 常用监测方法简介

1. 统计经验法

将植被指数、地表温度（或地表温度与大气温度的差值）与地面观测的潜热通量进行回归分析，建立经验方程，从而估算区域 ET。

（1）能量平衡方程简化法。Jackson 等和 Idso 等对能量平衡方程进行了简化，提出利用地表温度估算农田 ET 的方法。其后，Seguin 和 Itier 进一步利用 Jackson 等提出的经验方法加以分析，发现此回归系数与植被覆盖率有很大的相关性，因此 Seguin 与 Lagouarde 等应用 NOAA/AVHRR 资料，修改了此经验方程，并成功估算了日 ET_d，即

$$ET_d = A - B(T_s - T_a) \qquad (4.2-6)$$

式中：ET_d 为日 ET，mm；T_s 为地表温度，K；T_a 为大气温度，K；A、B 为回归系数。

式（4.2-6）常被称为"简化法"，其所需参数少，计算过程简单，被广泛应用于区域 ET 的估算，但在植被不完全覆盖区域，或在多云天气条件下，

此方法的误差较大。

（2）植被指数-温度梯形法。Moran 等对作物缺水指数（crop water stress index，CWSI）模型进行了改进，采用植被指数-温度梯形法来计算 CWSI 和 ET。

（3）植被指数-地表温度三角法。Lambin 和 Ehrlich 发现遥感影像的植被指数（VI）与地表温度（T_s）散点图常呈三角形分布，进而开发出三角法，以简化梯形法估算 ET 量。Jiang 和 Islam 假设遥感数据符合土壤含水量从干到湿、植被从无到完全覆盖的条件，且在大气稳定、无云情况下，蒸发比与地面温度和植被指数呈线性相关，将植被指数-地表温度三角法改良成无须地面观测资料的植被指数-地表温度三角法，以估算区域 ET 量。

三角法可估算部分植被覆盖区域的 ET 量，但在阴天或多云天气下，由于缺乏遥感反演的地表温度而无法运用。统计经验法计算过程简单，所需参数较少。但由于蒸散与地形条件、植被状况、土壤水分及大气条件等呈非线性关系，使得统计经验法有较大的局地性。

2. 能量平衡法

能量平衡是各种用于遥感 ET 研究的理论基础。其表达式为

$$R_n = G + H + LE + PH \qquad (4.2-7)$$

式中：R_n 为地表净辐射，W/m^2；G 为地表的土壤热通量，W/m^2；H 为显热通量，W/m^2，表征下垫面与大气间以湍流方式进行的热量交换；LE 为潜热通量，W/m^2，是以蒸散的形式进入大气的地表热量；PH 为用于植被光合作用和生物量增加的能量（其值很小，可以忽略）。

能量平衡法以能量平衡方程为基础，通过计算地表净辐射（R_n）、土壤热通量（G）和显热通量（H）来推算蒸散量（ET）。能量平衡法包括单源模型和双源模型。这类模型以遥感反演的地表参数为主，结合与之相关的经验方程加以实现。

（1）单源模型。单源模型是将植被和土壤看成单一的混合层，整个混合层的温度是均匀的，并与外界空气交换动量、热量和水汽。由于地表净辐射（R_n）、土壤热通量（G）的估算精度较高，误差可控制在 10% 左右，所以模型的研究重点一般都放在显热通量（H）的计算上。

陆面地表平衡算法（Surface Energy Balance Algorithm for Land，SE-BAL）模型基于遥感反演的地表参数并结合少量辅助气象数据来估算地表 ET 量，具有较坚实的物理基础，适用范围较广，估算精度较高，在地表覆盖均匀的情况下，ET 量的估算精度可达 85% 以上，被认为是一种准业务化的计算方法。该模型不足之处在于：①许多参数都采用简化的经验公式进行估算，其区域可行性与计算精度需要进一步的检验；②在显热通量的计算中，对"冷""热"像元的选择存在主观性；对"冷""热"像元的计算用线性关系建立，这

种带有统计模式的关系具有局地性。

（2）双源模型。鉴于单源模型的不足，Shuttleworth 等在单源模型的基础上提出了双源模型的概念。该模型考虑在地表有植被覆盖的情况下，将蒸散过程分为土壤蒸发和植物蒸腾两个部分来分别估算。

双源模型考虑了土壤和植被间的耦合关系，更接近地表-大气能量与水分交换的实际物理过程；但其计算过程复杂，且模型中的各种阻抗计算建立在经验公式的基础上，具有很强的局地性。"斑块"模型则是双源模型的简化，精度略低于双源模型，但高于单源模型。

3. 数值模型

由于简单的回归经验方程常受到许多特定条件的限制，造成无法满足众多的使用需求，因此有些研究将已经发展成熟的土壤-植被-大气传输（soil vegetation atmosphere transfer，SVAT）模型与遥感技术相结合，开发出估算地表 ET 量的数值模型，如双源能量平衡模型（two source energy balance model，TSEB，亦称 TSM）和双源时间集成模型（ two source time integrated model，TSTIM）。

在 TSEB 和 TSTIM 基础上发展起来的大气-陆地交换反演模型（atmosphere land exchange inversion model，ALEXI），通过耦合 TSEB 模型和简化边界层模型，减少了对气象数据的依赖，可快速模拟区域地表能量转换状况，在估算地表 ET 量方面的可靠性和准确性已得到广泛验证。

但 SVAT 模型往往需要大量参数，如果参数的精度较低，将会影响最后的结果；同时有些参数如土壤参数、连续变化的气象要素等难以大范围获取，且加之较大的计算量，从而造成 SVAT 模型与遥感数据的同化技术在实际应用中还存在一定的距离。

4.2.5.2　鄱阳湖区湿地蒸散发监测实践

目前鄱阳湖湿地蒸散发量的监测以周边的蒸发站监测为主。受地表类型、土壤湿度等要素空间分布的非均匀性影响，陆地站观测值难以代表整个鄱阳湖湿地蒸散量。本书基于遥感数据和实测水文气象资料，利用 SEBAL 模型估算鄱阳湖湿地及环湖区蒸散量，分析了鄱阳湖湿地蒸散量分布及年内变化情况，初步掌握了湿地年蒸散量分布规律。遥感反演的湿地蒸散发量与棠荫站实测资料验证后相关系数达 0.8，有良好的应用效果。

1. 数据来源

利用改进的 SEBAL 模型计算 2009 年鄱阳湖湿地的蒸散量，所用到的数据主要包括三个部分：①晴空 MODIS/TERRA 卫星数据产品，包括每日地表温度产品（MOD11A1）、地表反射率数据（MOD09GA）、土地覆盖变化（MOD12Q1）、地表反照率数据（MCD43B3）等，数据来源于美国宇航局（数据下载地址：https：//urs. earthdata. nasa. gov）；②鄱阳湖湿地的地面气象观测数据，包括鄱阳湖周边日平均气温、风速、日照时数及降水总量等地面观测数据，数据来源于中国气象数据服务网（数据下载地址 http：//data. cma. cn）；③数字高程模型。对于遥感资料，本书使用 MRT 软件进行拼接和投影转换，输出为 500m 分辨率栅格图，气象数据在 ArcGIS 中内插为栅格格式。

受云的影响，难以获取全年每日遥感数据，甚至某些月份整月均有云覆盖，本书将 2009 年研究区无云或少云的数据进行数据处理。

2. 监测方法

从遥感数据中获得地表温度、植被指数、比辐射率、反照率等数据，使用 ArcGIS 进行气象数据插值获得风速、湿度、日照时数等观测数据。上述数据作为 SEBAL 模型的输入数据，分别计算地表土壤热通量、显热通量、净辐射通量，计算瞬时蒸散发量，并将瞬时蒸散发量扩展为日蒸散发量。

3. 结果分析

（1）日蒸散发量计算结果。对鄱阳湖及湖区 2009 年晴空蒸散发量进行计算，获得的无云遥感影像日蒸散发量部分计算结果。为了显示方便，将日蒸发量以 1mm 间隔进行分级显示，部分结果如图 4.2 - 21 所示。

从图 4.2 - 21 可见，全年蒸散发量最大的区域为鄱阳湖水体和湖区湿地。鄱阳湖湿地蒸散发量在冬季最小，春季迅速增大，8—9 月达到全年最大值。

对统计结果分析表明，鄱阳湖区湿地蒸散发量有明显季节性，呈单峰变化规律。冬季，鄱阳湖湿地以裸露滩地和沙地为主，蒸散发量处于全年最低值，仅有 1mm/d；随着气温升高，蒸散发量呈增大趋势，6—7 月可达 3.5mm/d；到 8—9 月最大，为 5~6mm/d；并随秋季—冬季呈逐渐减小趋势，10 月后湖区湿地的蒸散发量均值下降为约 2.5mm/d。鄱阳湖水体冬季（12 月至次年 2

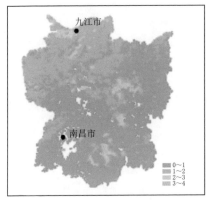

(a) 1月15日

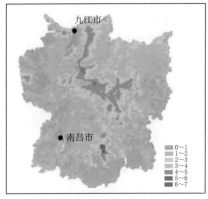

(b) 3月15日

图 4.2 - 21（一）　鄱阳湖 2009 年蒸散发量计算结果

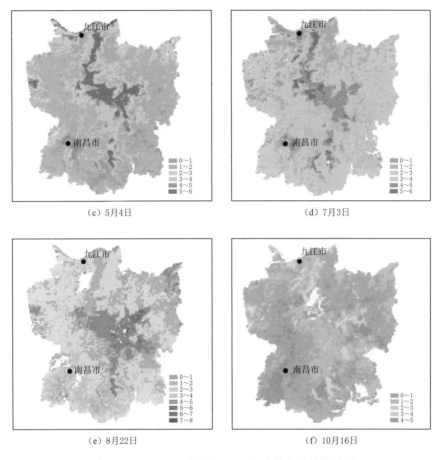

(c) 5月4日　　　　　　　　(d) 7月3日

(e) 8月22日　　　　　　　　(f) 10月16日

图 4.2-21（二）　鄱阳湖 2009 年蒸散发量计算结果

月）的蒸散发量处于全年最低值，约为 2.0mm/d。

（2）累积年蒸散发量。按月作为时间步长，以棠荫站实测蒸散发量月统计值作为月步长的参考蒸散发量，以棠荫站实测月蒸散发量与遥感计算的水体日蒸散发量均值的比值为 K_m 值，各月遥感影像对应的 K_m 值见表 4.2-11。

利用上述蒸散发量比值不变的原理估算的 2009 年鄱阳湖湿地及湖区累积年蒸散发量分布如图 4.2-22 所示，即蒸散发量值域频率图。2009 年蒸散发量高值区位于鄱阳湖及湖区湿地，蒸散发量主要集中在 400～1180mm，均值为 809.4mm。其中常年为水体覆盖的主湖体区域蒸散发量较有洲滩出露区域的蒸散发量大，其年蒸散发量在 960～1180mm，均值 1000mm 以上，与鄱阳湖水体多年平均年蒸散发量 1081.2 基本一致。

受水位影响，鄱阳湖湿地高水时为湖、低水时为滩，其蒸散发量受地表覆盖类型影响较大，靠近主湖体的区域水体覆盖时间较长，其年蒸散发量较大；反之，

61

表 4.2-11　　2009 年鄱阳湖湿地及湖区累积年蒸散发量 K_m 值

月份	棠荫站月蒸散发量/mm	K_m	月份	棠荫站月蒸散发量/mm	K_m
1	55.3	26.33	7	128.1	26.80
2	42.4	17.03	8	134.7	26.16
3	46.6	11.74	9	109.5	20.35
4	67.4	16.32	10	99.7	26.71
5	83.8	17.31	11	62.2	23.38
6	90.2	17.12	12	36.3	17.04

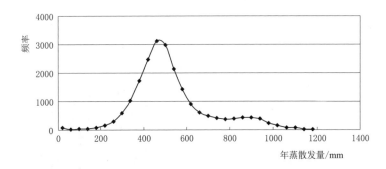

图 4.2-22　蒸散发量值域频率图

远离主湖体的区域，随高程的增加，水体覆盖的时间变短，年蒸散发量随之减小。

对年蒸散发量进行统计，鄱阳湖及湖区湿地的蒸散发量为 28.43 亿 m^3。

4.3　基于无人机遥感的鄱阳湖监测

无人机最早出现在 1917 年，早期的无人驾驶飞行器的研制和应用主要用作飞机靶机，应用范围主要在军事上，后来应用范围逐渐扩展到作战、侦察及民用遥感飞行平台。20 世纪 80 年代的科技革命让无人机得到进一步发展。无人机技术经过几十年的发展，性能不断提高，功能日益完善，尤其是近年来航空、计算机、微电子、导航、通信及数字传感器等相关技术的飞速发展，使得无人机技术已经从研究阶段向实用化阶段发展。无人机技术已经被广泛应用于各个领域中，成为未来航空器的发展方向之一。随着人们对地理环境的不断理解和对测绘需求的增长使得无人机与测绘的关系越来越紧密。无人机遥感技术体现了无人机与测绘的紧密结合同时也提供了更高效的测绘方式。

无人机遥感是基于无人机平台，综合利用无人驾驶、遥感遥控、遥感传感器、通信和 GPS 差分定位等技术，实时化、智能化、自动化、精确化地快速获取目标地区空间信息，完成遥感数据处理分析、建模和应用的技术。无人机遥感系统主要包括空中部分、地面部分和数据后处理三个部分。其中，空中部分又包括无人机平台、遥感空中控制子系统和遥感传感器子系统，主要负责空间信息数据的获取、采集和传输；地面部分包括无人机地面控制子系统、航迹规划子系统和数据接收显示子系统，主要负责无人机的控制和数据接收显示；数据后处理是对获取的影像信息进行进一步分析处理。无人机遥感的优点主要有：①快速的机动响应能力、无人机的应用机动灵活，能够通过地面运输快速到达指定目标区域；②操作简单、目的明确的无人机技术的不断成熟，其操作也越来越智能化自动化；③使用成本低，对操作员的培养周期相对较短，系统的保养和维修简便，同时不用租赁起飞和停放场地；④无人机搭载的高精度数码成像设备，具备面积覆盖、垂直或倾斜成像的技术能力，获取图像的空间分辨率达到分米级，适于 1：10000 或更大比例尺遥感应用的需求。

4.3.1 无人机技术

4.3.1.1 系统组成

无人机系统主要由地面系统、飞机系统和任务载荷三大系统组成，其中最重要的飞机系统由飞控、导航、动力、数据链传输等几大子系统组成：①飞控系统连接机身上大量的传感器（其可获取角速率、姿态、位置、加速度、高度和空速等的参数），是无人机完成起飞、空中飞行、执行任务和返场回收等整个飞行过程的核心系统；②导航系统向无人机提供参考坐标系的位置、速度、飞行姿态，引导无人机按照指定航线飞行；③动力系统，不同用途的无人机对动力装置的要求不同，但都希望发动机体积小、重量轻、成本低、工作可靠；④数据链传输系统负责完成对无人机遥控、遥测、跟踪定位和传感器传输。

4.3.1.2 分类与选型

无人机按照其使用功能、质量、气动布局和动力等可以分为不同的类型。按使用功能划分，可以分为军用、民用和消费无人机。用于科学研究、环境监测、测绘等的多为民用无人机，而用于个人航拍、游戏等休闲用途的多为消费无人机。目前市面上的无人机种类繁多，常见的民用的无人机可以根据气动布局和动力分为四种：油动固定翼、电动固定翼、油动旋翼（单旋翼为主）、电动旋翼（多旋翼为主）。当然，即便是同种类型无人机，性能参数差异也会非常大，如机型（固定翼）、旋翼数量（旋翼）、飞控系统、载荷的体积和重量、续航时间、飞行速度、海拔高度、抗风能力、起飞降落方式等。无人机的选型需要根据具体的应用需求而具体分析。

4.3.2 基于无人机的鄱阳湖地形采集及水利行业应用

随着计算机技术、控制技术、通信技术的飞速发展，以及各种质量轻、体积小、探测精度高的新型传感器的出现，无人机性能不断提高、功能不断完善，无人机的应用范围和应用领域迅速拓展。无人机除了参与资源调查、生态环境监测和灾害评估等遥感应用研究之外，还通过搭载航空相机、红外成像仪和激光雷达等设备应用于电力线路通道三维重建、发热监测、油气管线安全巡查，极大地拓展了传统遥感的应用范围。总之，无人机遥感在众多领域都投入了业务化的运行。

4.3.2.1　无人机影像生成 DEM

地表高程信息是进行三维建模的重要数据。然而，高分辨率地形数据的获取常常存在较大困难，传统的测绘大比例尺地形图，一般采用人工全野外实测方法，不仅耗时长，而且投入成本较高。特别是水利工程常常处于人员难以进入的区域，使用无人机进行地表高程信息的获取，成本低、无接触、耗时短，是水利工程三维建模及洪水分析模型构建所需地形数据的重要获取手段。通过自动飞行控制系统控制的固定翼垂直起降无人机，于 2019 年 1 月 22 日采集了鄱阳湖重点水库下游正射影像图和地表高程信息，为研究水库溃坝洪水演进及人员转移安置提供地表高程数据。

1. 数据采集

无人机共飞行了 1 个架次，相对航高为 530m，有效航片 442 张，影像平均地面分辨率为 6.88cm。航线间隔及旁向重叠度在 50% 之间，航向重叠度在 80% 之间。全摄区无航摄漏洞，航向超出摄区范围 3 条基线。航片倾斜角小于 2°，旋偏角小于 7°，航线弯曲度小于 3%。同航线高差小于 10m，实际航线偏离设计航线不大于航片上 1cm。影像像点位移不大于 1 个像素。影像色彩均匀清晰，颜色饱和无云影和划痕，层次丰富，反差适中，无云影、烟、大面积反光和污点。

2. 数据处理

航摄影像质量经检查合格后，根据后处理要求，对原始数据进行数据格式转换，一般要求不应损失几何信息和辐射信息。同时，可对原始影像进行相机畸变差改正，此步也可在空中三角测量时进行。根据需要对原始影像数据进行适度的图像增强处理。

航片控制点选在 30°～150° 交角细小线状地物的交点、明显地物拐角点、小于 3cm×3cm 像素点状地物中心，该点位高程起伏较小、易于准确定位和量测，弧形地物及影像等难以判别准确位置的地方不选做点位目标。航片控制点坐标位置测定使用 RTK，共布测了 10 个航片控制点。

数据处理使用 PIX4d mapper 软件，先检查采集的数据照片，然后使用控制点纠正影像畸变，最后生成高程点云和正射影像等成果。

3. 采集成果

经数据处理，生成水库下游约 7km² 范围正射影像图和地表高程影像图，成果如图 4.3 - 1 所示。

（a）正射影像　　　　　　　　　　　　　（b）地表高程影像

图 4.3 - 1　无人机航拍正射影像及地表高程影像图

4.3.2.2　无人机助力业务应用

1. 无人机航拍非法采砂

以鄱阳湖重点监测区为例，应用遥感技术进行水政监察，实现数字化监管。根据航测所得高清正射影像图进行违法违章嫌疑区解译，采用目视解译和现场勘查确认相结合的方法。图 4.3 - 2 和图 4.3 - 3 为 2018 年 11 月 12 日水政监察执法航拍图。

图 4.3 - 2　2018 年 11 月 12 日水政监察执法航拍图（一）

2. 无人机航拍圩堤

2016 年，长江和鄱阳湖从 7 月 3 日起全线超警大洪水，出现 21 世纪以来最高水位，长江九江站洪峰水位 21.68m，超警 1.68m；鄱阳湖星子站洪峰水位 21.38m，超警 2.38m。为全面掌握高水位洪水淹没、受灾情况等，对鄱阳湖区万亩以上圩堤进行无人机航拍，主要包括浔阳区、瑞昌市 10 万亩以上圩堤，南昌县、余干县 5 万～10 万亩圩堤，九江市都昌县、湖口县、永修县、

图 4.3 - 3 2018 年 11 月 12 日水政监察执法航拍图（二）

共青城、德安县、星子县（现庐山市）、庐山区（现濂溪区）等地 1 万～5 万亩圩堤。采用大疆"悟"无人机，历时 14 天，航拍圩堤堤线长近 450km，累计拍摄照片约 1.5 万张。图 4.3 - 4 为堤防航拍图。

图 4.3 - 4 堤防航拍图

4.4 基于地面站网的鄱阳湖监测

4.4.1 鄱阳湖地面监测体系

鄱阳湖地面监测体系是由各类地面监测站点、人工巡测、人工采样站点等组成的。该监测体系的建设以永保鄱阳湖"一湖清水"为目标，动态掌握鄱阳湖水文水资源及水生态环境总体情况，为鄱阳湖防灾减灾、水生态环境、水资源管理、水土保持、水政执法、水利工程管理、农村供水等多领域管理工作提供有力技术支撑、决策依据和辅助参考。鄱阳湖区地面监测目前主要分为水文

水资源监测及水生态环境监测两大类。根据监测内容分类，站点包括：水文
站、水位站、降水量站、水面蒸发站、墒情站、水质站、取用水量站、生态环
境采样点等。

4.4.1.1 监测要素

　　水文水资源监测要素主要包括：降水量、水位、流量、蒸发量、墒情、取
用水户用水量等。水生态环境监测要素主要包括：水体理化要素、沉积物要
素、生物要素等。监测要素与监测指标见表4.4-1。

4.4.1.2 监测方式及频次

　　（1）水雨情监测：水位、流量、雨量主要通过自动监测站监测，同时结合
人工观测。雨量信息监测频次为每间隔5min系统自动报送一次监测数据，水
位信息是每间隔1h报送一次。

表4.4-1　　　　　　　　　　　　监测要素与监测指标

项目类别	监测项目	监测站点	监测设备	监测指标
水文水资源	水雨情	水文站、水位站、降水量站	翻斗式雨量观测设备、水位计	水位、雨量、径流量、流速、流向
	取用水量	取用水监测站	水位计、RTU遥测终端、DTU通信模块、防雷设施、太阳能板、蓄电池等	取用水户年取用水量
	墒情	土壤墒情固定监测站、移动土壤墒情监测站	土壤水分传感器、雨量传感器、RTU遥测终端、DTU通信模块、避雷设施、太阳能板、蓄电池等，便携式土壤水分采集仪	土壤含水量、土壤类型
	蒸发量	水面蒸发站	蒸发量传感器、蒸发系统、供电系统、通信系统等	水面蒸发量
水生态环境 水体理化要素	物理性状	人工采样点	多参数水质分析仪	水深、透明度、水位、光照、SS
	化学性状	水质自动监测站、人工采样点	水质自动采集、处理、分析系统单元，水质监测分析单元，控制单元，通信单元等；紫外分光光度计、pH计、溶氧仪、温度计	TN、TP、$PO_4^{3-}-P$、NO_3^--N、NO_2^--N、NH_3-N、DO、COD_{Mn}、pH、水温、电导率
	典型抗生素	人工采样点	高效液相色谱仪	四环素类、磺胺类、氟喹诺酮类、大环内酯类

67

续表

项目类别		监测项目	监测站点	监测设备	监测指标
水生态环境	沉积物要素	底泥	人工采样点	紫外分光光度计	含水率、全磷、全氮、粒径组分、pH、Eh
	生物要素	浮游植物	人工采样点	显微镜、紫外分光光度计	种类、密度、生物量、叶绿素 a、初级生产力
		浮游动物	人工采样点		原生动物、轮虫、枝角类、桡足类的种类组成、密度、生物量
		底栖动物	人工采样点		种类组成、密度、生物量
		水生植物	人工采样点		种类组成与生物量
		湿生植物	人工采样点		种类、密度、盖度、多度、生物量、湿地类型

（2）取用水量监测：通过流量自动监测站的工作方式监测取用水户的取用水量。一般为定时自报，自报间隔为 1h 一次，将瞬时流量及累计流量通过无线通信网络发送至中心站。

（3）墒情监测：通过自动监测站对土壤含水量实时监测，每日上午 8：00 报送一次监测数据，同时结合人工观测。

（4）蒸发量监测：通过自动监测站监测，同时结合人工观测。

（5）水质监测。水质监测包括水质在线监测及人工巡测的两种方式，其中，通过自动水质监测站实现对水温、pH、溶解氧、电导率、浊度、COD、氨氮、总磷、总氮、镉、铅、铜、锌等指标的在线监测，自动监测站点监测频率为每间隔 4h 一次。人工巡测则是通过采样及实验室分析。

（6）人工采样点。人工采样点则是根据江西省水资源的结构特点、气候特征，鄱阳湖水生态环境监测工作采取定期、定点的方式进行。监测项目涵盖水文、气象、水体理化、浮游动植物、藻类生物及沉积物等指标，监测频次按照每年丰水期、平水期、枯水期各 1 次进行。

4.4.2　物联网监测及信息传输

随着科技的发展，智慧水利充分运用物联网等新兴技术是必然趋势。物联网技术包括实现网络的互联网技术及实现物物信息交换和通信的末端设备和设施。其核心在于物与物之间广泛而普遍的互联。物联网通过智能感知、识别技术与计算通信感知技术，广泛应用于网络的融合中。物联网技术的三大关键技术是传感器技术、RFID 标签和嵌入式系统技术。传感器技术用来感知信息采集点的环境参数，为物联网系统的处理、传输、分析和反馈提供最基础的信息。RFID 标签用于对采集的信息进行标准化标识，数据采集和设备控制通过射频识别读写器、二维码识读器等实现。嵌入式系统技术是以应用为中心，以计算机技术为基础，适应对功能、成本、体积等要求严格的专用计算机系统。作为物联网技术的重要组成，嵌入式系统的视角有助于深刻地、全面地理解物联网的本质。物联网技术在水利领域中的运用，能实现对水利行业各类数据的实时监控和管理，可以解决水利发展中的诸多问题，实现水利监督与治理，是实现水利信息化的重要技术手段。

　　鄱阳湖区地面监测信息根据来源情况可分为在线监测数据、人工录入和接入其他监测信息三种方式。在线监测数据是指监测点设备通过传感器进行数据传送，监测点设备通过移动、有线、光纤等通信方式，对数据进行传输。在数据传输的设计中，通过将文本数据转化为二进制数据的方式减少流量，将短时间内的监测数据进行合并传输，减少发送次数和数据总量。在线监测数据通过无线或有线网络传输至系统，并存储于系统数据库服务器。人工录入则是由工作人员将监测数据通过系统客户端导入或录入系统后台，将数据存储至系统数据库服务器。接入其他监测信息采用信息交换的方式进行，即数据资源层依托应用支撑层的交换中间件直接实现数据的汇集任务。整个监测信息传输过程如图 4.4-1 所示。

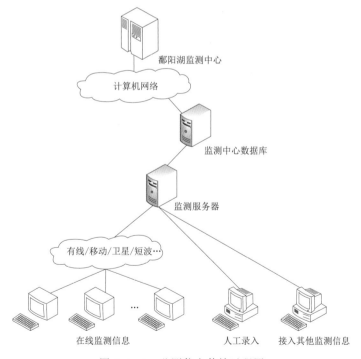

图 4.4-1　监测信息传输过程图

第 5 章

鄱阳湖大数据与信息共享
服务云平台技术

　　随着水利大数据以几何形式增长，大数据及云计算技术在水利行业的应用不断深入。大数据正在成为一种资源、一种生产要素渗透至各个领域，而拥有大数据能力，将会带来层出不穷的创新，从某种意义上说它代表着一种生产力。为充分利用日益增长的水利数据，增强水利行业部门之间的信息共享和联动能力，提高水利智能化管理水平，探索大数据、云计算等技术并优先在鄱阳湖保护和管理中的示范应用是推动江西省智慧水利建设的重要手段。大数据代表着信息技术未来发展的战略走向，是继互联网后的又一次信息变革，为水利行业中信息资源的开发带来了新的机会。与此同时，与大数据、云计算等先进技术的碰撞，也将使鄱阳湖的研究从深度、广度及质量等多个层面得到进一步提升和发展。

5.1　鄱阳湖大数据平台的设计

5.1.1　大数据核心技术

5.1.1.1　数据存储及管理技术

　　大数据的特点之一是数据量巨大，且数据源及数据类型不尽相同，结构化、半结构化以及非结构化数据混合，传统的结构化数据库已经很难满足大数据存储和管理需求。为了解决日益增长的数据存储需求，传统的关系型数据库往往无法胜任，因此出现了许多新的技术。其中，Hadoop 和分布式文件系统（如 HDFS）用于存储和处理大规模数据，NoSQL 数据库（如 MongoDB、Cassandra、Redis）用于非结构化数据的存储和检索，以及列式数据库（如 HBase）用于高效地存储和访问结构化数据。

5.1.1.2 数据挖掘技术

数据挖掘是一个分阶段的数据处理过程，一般的数据挖掘步骤是确定数据挖掘的目标、收集数据、选择目标数据、预处理数据、转换数据、构建数据挖掘模型、模式评价、知识发现等过程，详细的数据挖掘过程如图 5.1-1 所示。

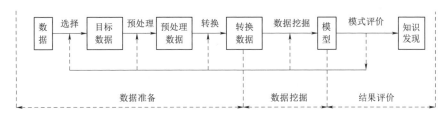

图 5.1-1 数据挖掘过程图

数据挖掘技术是一种从大规模数据中自动发现有用信息、模式、关联和趋势的过程。它利用统计学、机器学习、人工智能方法和技术，从大量数据中提取出隐含的知识和价值，以支持决策制定、预测分析、业务优化等应用。数据挖掘技术可以帮助揭示数据中的隐藏模式和规律，发现数据中的关联关系，识别异常或异常行为，并构建预测模型。

5.1.1.3 数据可视化技术

数据可视化技术是利用图像处理技术和计算机图形学方法，将原始数据或者经过分析的数据，经过充分设计转换成特定的图形图像在计算机上展现，并进行交互处理的理论、方法和技术。数据可视化技术通过图形图像将数据展现在用户面前，可以清晰有效地传达数据信息，有很强的交互性，不同维度数据之间的关系更易于呈现，也可以将时间序列数据较直观地展示，从而使用户对区域信息有一个全面的、直观的认识。数据的可视化可以让用户从海量的、复杂的、结构多样的数据中发现或推演变化趋势，并为决策者提供决策支撑，进而大大地降低判断引起的主观决策失误风险。

5.1.2 大数据框架

5.1.2.1 大数据处理框架 Hadoop

Hadoop 生态圈可以解决大数据存储、计算分析和信息管理等问题。用户可以在不了解底层数据存储细节的基础上，开发分布式应用程序，充分利用集群方法进行高效运算和存储。Hadoop 生态圈由 HDFS（Hadoop 分布式文件系统）、MapReduce（分布式计算框架）、Hbase（列式数据库）、Hive（数据仓库）、Pig（数据流）、Mahout（数据挖掘）、ZooKeeper（分布式协调服务）、Sqoop ETL 数据、Flume 日志收集组成。Hadoop 大数据核心组件如图 5.1-2 所示。

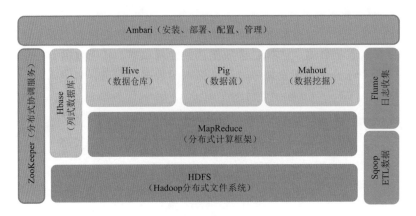

图 5.1 - 2　Hadoop 大数据核心组件

5.1.2.2　计算引擎框架 Spark

Spark 是一个开源的大数据计算引擎框架。Spark 是第一个真正让分布式编程变得简单化的开源软件。它将自定义的程序分别发送到集群中的从节点机器中，让每个 Worker 分别运行各自的任务，且 Spark 以 Scala 为主要开发语言，充分利用 Scala 的函数式编程思想为用户提供了很好的编程模型。

Spark 继承了 MapReduce 的线性扩展性和容错性，并进行扩展，在内存利用方面整体有了极大的提升。作为大数据计算引擎框架，具有高速处理、多种计算模式、弹性分布式数据集、多语言支持、高级 API 和库以及集成生态系统等特点，提供了更高的性能、更广泛的应用场景和更好的开发体验，使其成为一种强大的大数据处理和分析平台。

5.1.3　大数据平台搭建方法

5.1.3.1　平台基础环境

大数据平台搭建需要三台服务器，一台服务器作为集群主节点服务器、两台服务器作为集群从节点服务器，负责信息数据的存储备份以及作为分布式数据处理节点。当后续数据数量及数据属性增加，存储和计算无法满足时，可通过增加物理服务器及相关配置实现动态扩展。主节点服务器配置要求：内存容量不小于 8GB、硬盘容量不小于 2TB；从节点服务器配置要求：内存容量不小于 8GB、硬盘容量不小于 1TB。软件系统主要有 Linux 操作系统 Red Hat Enterprise Linux 6.4，Hadoop 版本为 2.6.0、Hbase 版本为 0.98、Sqoop 版本为 1.4.5、Eclipse 版本为 10.0、JDK 版本为 1.8 等。采用局域网的方式进行通信，通信网络传输速度为 100MB/s。

5.1.3.2　Hadoop 集群搭建

Hadoop 是一个可靠性高、性能高效且具有可扩展性的分布式软件开发框

架，可以在一个相对较短的时间内接受并完成大量的数据处理任务。Hadoop
集群采用典型 Master/slaves 结构，由 1 个中心节点和多个子节点组成，中心
节点 Master 是一个服务器，运行着负责管理文件系统的 NameNode 和管理任
务执行的 Jobtracker，分布式子节点上运行着负责管理其附带数据存储的 Da-
taNode 和负责任务执行的 Tasktracker。

　　Hadoop 集群搭建的主要内容包括安装集群中各节点所需要的软件（如
sun - JDK、SSH、Hadoop 等），配置 Hadoop 集群环境内容，分为 Linux 环
境配置和 Hadoop 配置，具体有 hadoop - env. sh、yarn - env. sh、HBase -
env. sh 等环境变量配置，hdfs - site. xml、mapred - site. xml、Slaves、HBase -
site. xml、regionservers 等文件配置和 ZooKeeper 核心文件 zoo. cfg 配置等。

5.2　鄱阳湖大数据平台的实现

5.2.1　平台架构

　　基于 Hadoop 搭建的鄱阳湖大数据平台主要由三部分构成，分别为数据采
集、数据存储以及数据分析与计算。鄱阳湖大数据平台内部架构如图 5.2 - 1
所示。

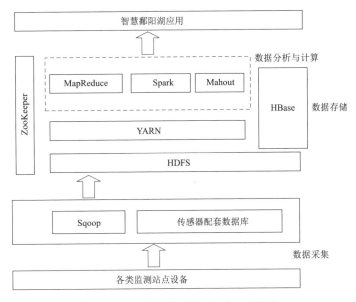

图 5.2 - 1　鄱阳湖大数据平台内部架构

　　数据采集：数据采集层采集的数据源主要来自鄱阳湖区的监测站。监测站

数据通过 3G、4G、5G 网络传输到数据接收服务器中。

数据存储：为了使收集的数据易于保存与分析，借助 Sqoop 大数据同步工具定时将数据接收服务器上的增量数据同步到大数据平台的 HBase 数据库中，永久存储备份。Sqoop 同步的水利数据通过增量方式存放到 HBase 数据库集群中。HBase 是一个分布式的海量数据存储数据库，它依托于 HDFS 而构建，HDFS 冗余的分布式文件系统为其数据存储的安全性提供保障。

数据分析与计算：鄱阳湖大数据平台使用 MapReduce 作为数据离线处理计算框架。MapReduce 通过提高数据的吞吐量来实现对海量数据的处理和分析，非常适合作为海量数据批处理分析工具。平台上也搭建了基于内存计算的 Spark 计算框架以及 Mahout 等机器学习数据挖掘库，以备后期平台拓展与升级。

5.2.2　平台功能

Hadoop 分布式系统具有集群形式的架构特性，且存储能力安全可靠、数据计算能力强大、平台伸缩性灵活和通用扩展性良好。因此本书利用目前较为成熟的开源软件（Hadoop、Spark 等）搭建鄱阳湖大数据平台，将平台中需要强大计算能力和可靠存储要求的功能模块，以分布式的方式扩展到 Hadoop 集群中的各个节点上，利用的 Hadoop 中的 HDFS 和 MapReduce 来进行分布式、并行的方式进行相关数据分析和数据挖掘工作，实现鄱阳湖大数据的存储管理、分析挖掘，以及应用成果的数据可视化展示。针对鄱阳湖区现状，平台主要功能如下。

5.2.2.1　信息数据存储和备份

鄱阳湖区实时采集的水文、气象等数据对于防洪决策调度等非常重要，如若仅存于单一存储设备中，一旦出现设备故障，有可能造成部分甚至全部数据丢失，风险较大。同时随着传感器的数据量和数据种类的增长，容易出现存储瓶颈，鄱阳湖大数据平台使用分布式存储系统对鄱阳湖各类数据进行存储与定时备份，有利于数据管理与维护，且容错性较好、安全可靠，后期可通过增加物理服务器实现存储能力扩大。将获取的数据存储在大数据系统上，该数据系统的存储层主要采用 HDFS 数据存储架构，是拥有四个计算节点的集群。经过预处理后的数据或经过平台分析的数据以文本的方式写入到分布式文件系统 HDFS 中。系统可以为数据存储提供强大的性能保障，通常每个数据都有三个备份，以避免单个节点发生故障后数据丢失的情况；HDFS 的数据追加功能，可以在系统出现故障的时候，保证后续数据的正确存储。此外，HDFS 可以通过 YARN 进行资源管理。

5.2.2.2 数据分析和挖掘

由于监测周期和监测属性的不同,获取的鄱阳湖区各类数据存在格式、时空分辨率及完整性等差异,传统的数据分析算法难以对数据进行有效利用和挖掘。

鄱阳湖大数据平台数据分析模块计算引擎采用 Spark 计算引擎,实现海量水利数据的并行化计算。采用 Spark 的相关组件如 MLlib 实现数据分析模块的调入,并利用 Spark 的编程语言接口,利用 SparkX 等实现自定义模块功能的编写与模块调入功能,平台实现了自定义的并行化谱聚类算法,并将该算法传入到数据分析模块。将数据源接入的数据进行数据过滤和清洗,为数据建模和预测提供样本数据。

鄱阳湖大数据平台使用 MapReduce 分布式计算框架,它通过任务分发,控制集群节点来分布式处理大量数据,非常高效。另外,对于那些监测周期长,相关监测数据少的鄱阳湖数据,在一定时间内累计数据量小,我们可以通过传统算法对其进行分析挖掘。鄱阳湖大数据平台通过分布式批处理和传统分析方法结合,使鄱阳湖数据分析与挖掘更高效。

5.2.3 平台数据处理方式

鄱阳湖区的水资源、水文、水位、水生态等数据被传感器采集,传回服务器上的数据库中,所有接收的数据经过特定的一段时间,产生固定时间的数据增量之后,同步工具会将数据增量定时同步到鄱阳湖区大数据平台的数据库中,永久保存备份。

目前收集的数据主要来源于传感器配套数据库中的格式化数据,收集数据中气象、水文、水质等数据较多,后期通过站点传感器部署完毕可收集更多种类的数据。由于该平台当前主要用于离线数据分析,且数据库中数据只做增量操作,因此,为保证数据的一致性只需保证数据增量同步成功即可。数据每间隔一段时间进行一次同步,数据增量同步时间设定为凌晨,数据量较小,通过对比 HBase 增加数据与数据库增量数据是否一致判断是否同步成功。后期根据数据量、数据种类以及业务需求,研究更加便利、强大的数据一致性保证方法。数据处理流程如图 5.2 - 2 所示。

数据库中保存的数据,将根据数据本身的特性分成分布式处理和传统方式处理。在分布式处理方式中,对于数据量大的监测数据,如降雨数据等,它监测周期短,与其相关的监测信息采集量大,通过大数据平台的并行计算框架的能力对 HBase 数据库中的数据进行读取,并对数据进行清洗和预处理,然后通过 MapReduce 对经过预处理的历史数据进行算法训练,经过大量数据的训练,获取大量的信息,直至训练结果满意,之后根据训练得到的

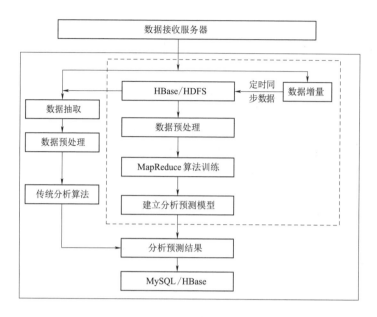

图 5.2－2　数据处理流程

信息建立分析挖掘模型。在实际分析预测部分，我们从预处理好的数据中抽取测试集作为输入数据，输入到已训练完成的模型中分析。经过模型的分析预测，得出分析结果，根据需求的不同，这些结果将存储在 MySQL 或者 HBase 中，等待使用。在传统处理方式中，针对监测周期较长的、无法获取或者没有采集到其相关监测数据的水利数据，如地下水数据，对于这些数据量小的数据采用传统的数据处理方法能够快速读取。或者在传统数据库故障时读取大数据平台保存的数据，经过预处理，用传统分析算法对这些数据进行处理分析，得到分析结果。根据需求的不同，这些结果将存储在 MySQL 或者 HBase 中，等待使用。在处理分析时，由于数据量小，使用分布式处理方法反而得不偿失、效率低下，此时我们就使用传统方式处理。

　　未来大数据离线处理数据量巨大，根据集群规模的大小，批处理时间最快至分钟级别，为了提高数据建模分析的效率，将离线处理的流程设置为特定事件执行，根据传回数据量固定时间段进行数据同步一次，同步数据增量完成后，训练一次，更新模型。执行时间设置在夜间 24：00，不影响用户的使用和平台的效率，当有数据信息分析需求时，直接从数据中心获取实时数据经过预处理作为输入，输入到训练模型进行水位预测、降雨量预测等。

5.3　鄱阳湖信息共享服务云平台

5.3.1　云计算平台核心技术

5.3.1.1　虚拟化技术

虚拟化技术是通过虚拟化软件将物理服务器资源虚拟成多个独立逻辑的虚拟主机。各虚拟主机之间彼此互相隔离，其上各自安装操作系统，部署大数据处理软件。单台物理主机若不采用虚拟化技术，在同一时刻只能运行一个独立的操作系统。采有虚拟化技术后可将单台物理主机虚拟成多个虚拟主机，并在虚拟主机上安装独立的操作系统。经过虚拟化技术后一台物理主机服务器相当于多台物理主机，并且可以同时运行多个操作系统，同时提供多个不同的应用服务系统，通过虚拟化技术可充分发挥计算机性能，极大地提高了主机资源利用效率。云计算之所以可以提供弹性服务就是因为对存储、计算、网络等物理资源进行虚拟化并形成相应的物理资源池，通过基础设施资源池对外提供服务，实现按需分配资源的弹性服务。

5.3.1.2　分布式数据存储技术

云计算的另一大优势就是能够快速、高效地处理海量数据。在数据爆炸的今天，这一点至关重要。为了保证数据的高可靠性，云计算通常会采用分布式数据存储技术，将数据存储在不同的物理设备中。这种模式不仅摆脱了硬件设备的限制，同时扩展性更好，能够快速响应用户需求的变化。

分布式数据存储与传统的网络存储系统并不完全一样，传统的网络存储系统采用集中的存储服务器存放所有数据，存储服务器成为系统性能的瓶颈，不能满足大规模存储应用的需要。分布式数据的网络存储系统采用可扩展的系统结构，利用多台存储服务器分担存储负荷，利用位置服务器定位存储信息，它不但提高了系统的可靠性、可用性和存取效率，还易于扩展。

5.3.2　云平台搭建方法

根据鄱阳湖生态环境的特点和江西省经济开发战略的需要，建立鄱阳湖生态环境信息共享服务云平台，已成为鄱阳湖管理信息化的必由之路。鄱阳湖生态环境信息共享服务云平台能从根本上解决湖区内不同部门、不同层次、不同类型 GIS 的信息交换，真正实现资源共享，为鄱阳湖的灾情分析、评估、决策提供服务。

平台系统的总体目标是利用云计算、大数据、云平台等技术，建设一套符合统一数据标准的鄱阳湖生态环境信息共享服务平台。其主要功能如下：

（1）实现信息有效存储。通过研究和建立生态综合数据库，实现对鄱阳湖生态数据的分类有效存储（包括自然地理、社会经济、水环境、水生态、政府管理等信息）、综合管理、统一维护、高度共享，确保数据的安全、可靠和一致，为信息共享服务平台提供信息支持。

（2）提供信息查询服务。用户可以以图表、文字、图形、声音等多种方式查询获取研究区土地利用、人口与社会经济、水资源、水量、水质、水生生物、湿地、候鸟、水利工程、政府治理等信息。

（3）系统信息操作与管理。实现对栅格数据、矢量数据、图表信息更新、修改、维护、信息发布等。实现对信息源、用户信息、平台信息的集成和管理，将本地、远程的信息库与共享服务平台有效地结合起来，提供信息源出入认证管理、共享目录管理、信息检索服务、信息安全管理等。

（4）实现信息共享服务。将异构、自主和分布式的信息资源链接起来，按照统一资源描述元数据，将各种信息集成整合起来，实现信息共享，提供信息服务。

5.3.2.1　平台基础环境

（1）云平台开发环境及工具软件。鄱阳湖生态环境信息共享服务云平台使用的系统开发软件和工具软件，详见表 5.3 - 1。

表 5.3 - 1　　　　　　　　　　平台开发软件和工具软件表

软 件 名 称	功 能
VMware ESXi 5.5	虚拟化软件
CentOS 6.9	Linux 网络操作系统
VMware vSphere Client 5.5	虚拟化软件客户工具软件
Hadoop - 2.6	分布式框架软件
PieTTY 0.3.26	终端连接软件工具
WinSCP 5.1.6	Windows 上传下载文件到 Linux 系统
ZooKeeper - 3.4.6	分布式协调服务
JDK - 8u40 - linux	编译器工具
HBase - 1.0.0	分布式数据库
MyEclipse10.0	平台开发工具
MySQL - 5.6.21	关系型数据库
Hive 2.1.1	Hive 数据仓库
apache - tomcat - 8.0.37	Web 服务器
Spark - 1.6.3	实时处理工具

（2）硬件环境。鄱阳湖生态环境信息共享服务云平台所需硬件环境见表5.3－2。

表5.3－2　　　　　　　　硬 件 环 境 表

硬　　　件	配　　　置	作　　　用
服务器	浪潮英信 NF5270M4 8G 2T	集群主节点服务器
	浪潮英信 NF5270M4 8G 1T	集群从节点服务器
	浪潮英信 NF5270M4 8G 1T	集群从节点服务器
交换机	100Mbps/s	局域网通信
机柜	—	置放服务器

5.3.2.2　平台内部架构

鄱阳湖生态环境信息共享服务云平台的最底层是鄱阳湖基础设施，主要利用虚拟化技术进行搭建部署，该平台用 VMware 公司的 VMware Sphere、VMware ESXi 等软件，服务器选择浪潮服务器，并安装 ESXi 虚拟化管理软件，通过 VMware vCenter 软件将这些装有 ESXi 的主机进行集群整合，构成一个大的硬件资源池（包括计算资源池、存储资源池、网络资源池等）。然后再通过 VMware Client 客户端对服务器端硬件资源池进行管理。根据实际需求将资源池中资源虚拟生成若干台虚拟计算机，为用户提供服务，从而达到云计算的弹性服务性能，在虚拟主机上安装 Linux 操作系统，最后再在其上安装 Hadoop 服务集群以构建分布式存储平台。其底层基础架构设计如图 5.3－1 所示。

5.3.2.3　云计算平台搭建

鄱阳湖生态环境信息共享服务云平台通过采用国际云计算应用中公认的 VMware、CitrixIBM 等虚拟化技术，对存储、计算、网络等物理资源进行合理分配，形成相应的物理资源池对外提供服务，实现按需分配资源的弹性服务。通过 Hadoop 集群技术，实现在低成本情况下获得可靠性、灵活性方面等较好的性能。VMware 虚拟系统安装和 Hadoop 系统配置如下所述。

1. 虚拟系统安装

虚拟系统安装在浪潮服务器 NF5270M4 上搭载 ESXi 服务器，通过虚拟化软件虚拟多台虚拟主机，安装虚拟化管理软件，包括搭建 vCentere 服务器来统一管理虚拟机资源。通过 vSPhere Client 客户端来管理资源，并在虚拟计算机上安装部署 Hadoop、Spark、Elasticsearch 等软件。在虚拟上安装 Linux 操作系统后，需要通过配置文件来对 Linux 操作系统网络进行配置，设置各虚拟主机的名称及 IP 地址，配置各节点的/etc/hosts 文件等，并安装 JDK，设置 DNS 解析、设置 SSH 免密码登录。

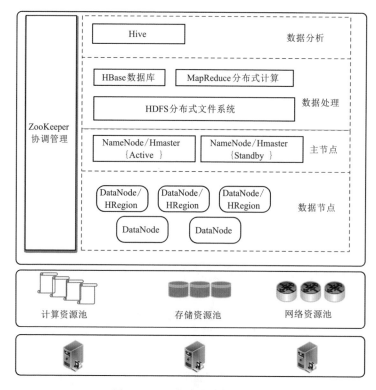

图 5.3-1　底层基础架构设计

2. Hadoop 系统配置

鄱阳湖生态环境信息共享服务云平台采用三台物理服务器，采用虚拟化技术虚拟成 11 台 Linux 虚拟机来构建 Hadoop 集群环境，修改 Hadoop 配置文件、slaves 配置文件、Master 配置文件等，实现 Hadoop 系统集群。Hadoop系统配置文件见表 5.3-3。

表 5.3-3　　　　　　　　　Hadoop 系统配置文件表

文件名称	功　　能
hadoop – env. sh	记录脚本用的环境变量，以运行 Hadoop，需要配置 AVA ＿ HOME，配置日志记录、Master 以及 slave 文件
core – site. xml	系统级的 Hadoop 配置项，HDFS URL，Hadoop 临时目录，MapReduce、HDFS 和常用 I/O 配置
hdfs – site. xml	HDFS 配置项，文件备份的个数，数据块大小以及是否启用权限，NameNode \ DataNode 守护进程配置
mapreduce – site. xml	Map Reduce 配置，reduce 任务的个数，默认最小和最大任务内存大小，Job Tracker 和 Task Tracer 配置
Master	运行 namenode 和 Job Traceker 配置，包含 Hadoop 的 Master 主机列表
slaves	运行 datanode 和 Task Traceker 配置，包含 Hadoop 的 slave 主机地址列表

5.4　鄱阳湖生态环境信息共享服务云平台的实现

5.4.1　总体架构

鄱阳湖生态环境信息共享服务云平台基于 SOA 架构，整体架构如图 5.4－1 所示，其中包括 IaaS、DaaS、PaaS、SaaS 四层架构体系。

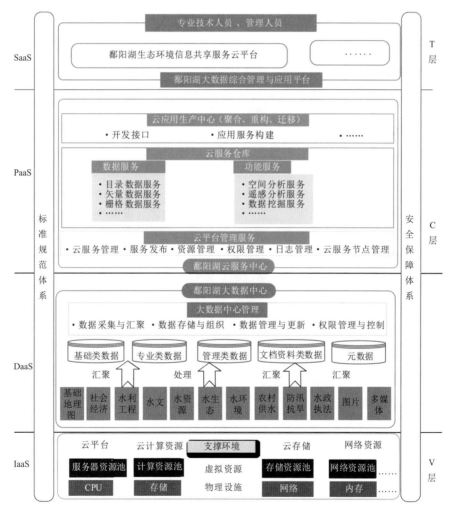

图 5.4－1　鄱阳湖生态环境信息共享服务云平台架构

该架构设计以地理信息技术、云计算技术、大数据技术、互联网技术、数据库技术为支撑，采用基于云环境的 T－C－V（Terminal－Cloud－Virtual）

软件系统架构，从下到上依次分为 3 层：虚拟设备层（V 层），包括物理设施、虚拟资源；云计算层（C 层），包鄱阳湖大数据中心和鄱阳湖云服务中心；终端应用层（T 层），包含基于鄱阳湖大数据平台的智能管理支撑子系统、基于鄱阳湖大数据平台的鄱阳湖应用服务子系统。遵照云计算的四层架构模式分别构建鄱阳湖云计算基础设施服务层（IaaS）、鄱阳湖大数据服务层（DaaS）、鄱阳湖云平台服务层（PaaS）、鄱阳湖云应用服务层（SaaS），面向各类管理用户、专业技术用户及社会公众用户提供所需的鄱阳湖云服务。

1. 鄱阳湖云计算基础设施服务层

鄱阳湖云计算基础设施服务层整体部署架构主要分为下层基础设施以及上层云平台配置管理部分，采用基于 OpenStack 架构的云平台和自主可控的基础设施。向使用单位提供物理资源设备支撑，包括相关服务器、存储设备、核心交换机、路由器等硬件设备，构建鄱阳湖基础设施服务平台，达到"互联互通、资源共享、支撑应用、提高效能、减少成本"的目的。

2. 鄱阳湖大数据服务层

鄱阳湖大数据服务层以物理设备资源池、虚拟资源池为依托，以信息化数据规范体系和安全保障体系为保障，进行数据资源体系的统一规划设计。数据拥有者将鄱阳湖水利数据抽取、转换、清洗、加工后，注入鄱阳湖大数据管理平台进行虚拟化和云化处理，实现多源、异构鄱阳湖数据的统一管理，建立基于鄱阳湖大数据管理平台的鄱阳湖数据集成应用、专业数据管理工具和数据更新交换体系，最终以标准数据服务形式提供给用户使用。

鄱阳湖大数据服务层从具有基础数据资料、专业数据库入手，最终目标是形成以信息与管理为一体、多级互联互通、资源有效共享的大型鄱阳湖数据资源池。为了实现互联互通，鄱阳湖大数据中心考虑在数据编码规范、信息产品核心元数据标准两方面与水利云的有关标准保持一致。对空间数据库图层信息、属性内容信息的元数据内容进行了扩展。在数据中心用户视图模式上，实现了物理上集中统一管理、逻辑上按数据产权归属独立划分的结构模式，在建设规模和数据保护上实现了平衡。

3. 鄱阳湖云平台服务层

鄱阳湖大数据云平台服务利用底层提供的物理资源、虚拟资源、数据资源，基于本身提供的数据仓库和功能仓库，形成快速构建应用的基础环境，方便用户进行各类应用系统、工具和接口的快速搭建定制工作，极大地提高应用开发效率。云平台服务以 GIS 平台为基础，结合鄱阳湖大数据云平台建设的功能需求开发。

（1）数据服务。数据服务用于提供目录数据服务、矢量数据服务、栅格数据服务等基础数据服务功能。目录服务提供大数据中心中数据目录查询服务；矢量数据服务对矢量数据进行矢量分析，如缓冲区分析、叠加分析，并提供多核、多节点不同粒度并行策略；栅格数据服务完成包括矢量、影像、矢量影像叠加、数字地形图、仿真地图等多种类栅格数据服务。

（2）功能服务。功能服务包括空间分析服务、遥感分析服务、数据挖掘服务等。空间分析服务包含栅格分析与矢量分析，提供 GIS 数据分析与处理；遥感分析服务提供通用影像分析处理工具；数据挖掘服务根据结构化和非结构化数据信息，进行清理—分析—提取操作，挖掘特征数据信息。

（3）应用接口服务。为了方便鄱阳湖大数据平台使用者快速搭建 Web 应用，云平台服务层基于 RIA 技术、搭建式开发机制等技术，提供灵活的开发接口，在服务端提供多种开发库，客户端提供插件、脚本等开发接口，并要求保证较好的兼容性。

（4）云平台管理服务。云平台管理服务用于鄱阳湖大数据平台的云服务管理、服务发布、资源管理、权限管理、日志管理、云服务节点管理等工作，保障鄱阳湖大数据平台综合数据资源的持续、稳定、安全服务，为各相关应用系统提供可靠的数据支撑，保障各业务工作规范、科学执行。

4. 鄱阳湖云应用服务层

鄱阳湖云平台建设的目标是为水利部门提供宏观决策数据支撑，为专业领域的科学研究提供数据服务，为水利工作人员提供鄱阳湖数据资源检索服务。经过调研与分析，服务的功能主要集中在防灾减灾、水旱灾害、水资源、水生态环境、河湖管理、水利工程、农村供水、水土保持、水政执法等水利领域问题及信息共享、业务协同和辅助决策等几个方面。云应用服务层是各类用户利用、挖掘水利大数据价值的直接工具。以鄱阳湖生态环境信息共享服务云平台建设研究为例，为湖区用户提供不同 GIS 信息，实现信息资源共享。

5.4.2 鄱阳湖生态环境数据库设计

5.4.2.1 设计原则

数据库设计遵从数据库设计、数据库保护和数据库备份原则，具体如下所述。

1. 数据库设计原则

（1）数据冗余度小，共享程度高，充分利用数据空间，减小投入，并且确保各数据库之间的数据关联。

（2）数据独立性强，使应用子系统对数据的存储结构与存取方法有较强的适应性。

（3）设计结果符合各项规范指标要求。

（4）强调数据的可靠性与完整性。

（5）优化存储方式，提高数据库访问速度。

2. 数据库保护原则

数据库是整个系统的数据存储中心和数据交换中心，一旦数据库出现功能异常，会造成重大的损失。因此建立数据库的保护机制，用以防止物理破坏和读写破坏，并能以最快的速度使其恢复工作，是数据库建设与使用顺利实施的必要条件，具体原则包括：

（1）完整性原则：通过实时监控数据库事务（主要是更新和删除操作）的执行，来确保数据项之间的结构不受破坏，使存储在数据库中的数据正确、有效，以及不同副本中的同一数据一致与协调。

（2）并发性原则：当多个用户程序并发存取同一个数据块时，应对并行操作进行控制，从而保持数据库数据的一致性，例如，不因多名用户同时调阅某图形资料并进行编辑而产生该数据资料的歧义。

（3）安全性原则：通过检查上机权限对业主不同级别数据库用户进行数据访问与存取控制，来保障数据库的安全与机密。

3. 数据库备份原则

根据各个数据库的实际需要，定期或实时对数据进行本地与异地备份，备份应与更新同步。

5.4.2.2 数据库设计

数据库用来对数据进行统一存储与管理，数据库设计的目的是对纷繁复杂的信息进行高度概括，为系统的详细设计提供规范和依据。鄱阳湖区生态数据库包含基础信息数据库、水文水资源数据库、水生态环境数据库及系统管理数据库。鄱阳湖生态环境数据库内容如图5.4-2所示。

1. 基础信息数据库

该数据库包括基础地理图、社会经济、水利工程和其他数据。基础地理图含数字线划图（DLG）、数字正射影像图（DOM）、数字高程模型（DEM）等。数字线划图（DLG）主要包括行政区划、居民地及注记、道路及交通设施等基础地理数据。数字正射影像图（DOM）来源于航空摄影影像数据，通过几何纠正和色彩纠正等预处理，使之具有投影属性，便于空间数据库建立。数字高程模型（DEM）采用2010年鄱阳湖基础地理测量数据，格网大小为$5m \times 5m$。社会经济数据主要包括人口分布、人均产值、农业资源、矿产资源、旅游资源、交通航运、水产值等内容。水利工程数据主要包括堤防、水库、水闸、蓄滞洪区、农田水利设施、农村供水等工程信息。其他数据主要指生物量、鸟类生境、鱼类生境、自然保护区等相关内容。

2. 水文水资源数据库

该数据库为与水文水资源相关的水位、流量、降水量、墒情、蒸发量、取用水量和其他数据。

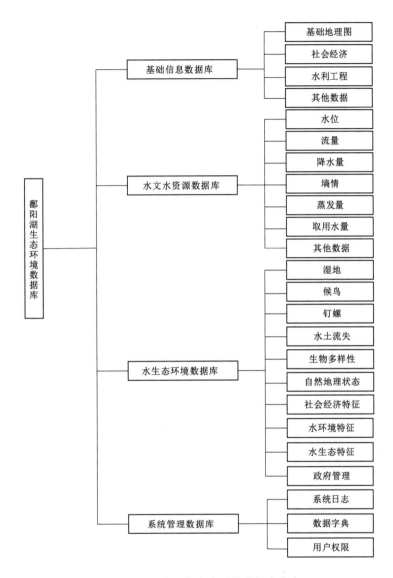

图 5.4-2　鄱阳湖生态环境数据库内容

3. 水生态环境数据库

该数据库为含水生态相关数据，包括湿地、候鸟、钉螺、水土流失、生物多样性等数据；水环境相关数据包括自然地理状态、社会经济特征、水环境特征、水生态特征、政府管理等综合功能特征的主要指标数据。

鄱阳湖生态环境分析依托生态指标，目前并未见成熟和统一的分析指标体系，根据鄱阳湖现状，提取和建立的鄱阳湖生态指标体系见表5.4-1。

表 5.4 – 1 　　　　　　　　　　　鄱阳湖生态指标体系

一级指标	二级指标	三级指标
自然地理指标	土地利用状况	土地总面积
		各类用地面积
	水资源状况	水域分布
		水位
		湖区水面积
		湖区容积
社会经济指标	人口指标	总人口
		人口自然增长率
		人口密度
		农业人口
	经济指标	年财政收入
		GDP
		人均产值
		产业结构比值
水环境指标	水量状况	供水量
		用水量
		耗水量
		排水量
	水质状况	COD
		TN
		TP
		湖库富营养化指数
水生态指标	水生生物	浮游植物
		浮游动物
		底栖动物
		鱼类及渔业状况
		大型水生动物
	湿地状况	总面积
		天然湿地
		人工湿地
	候鸟	种类
		数量

续表

一级指标	二级指标	三级指标
政府管理指标	水利工程	枢纽
		水库
		堤防
		水闸
		泵站
		农村供水
	治理指标	污水处理
		水土流失防治

4. 系统管理数据库

系统管理数据库主要是一些系统运行时所必需的数据，如系统日志、数据字典、用户权限等。

5.4.3 平台功能与实现

鄱阳湖生态环境信息共享服务云平台主要功能有 GIS 地图服务、信息分类查询、数据维护等功能，具体功能结构如图 5.4-3 所示。

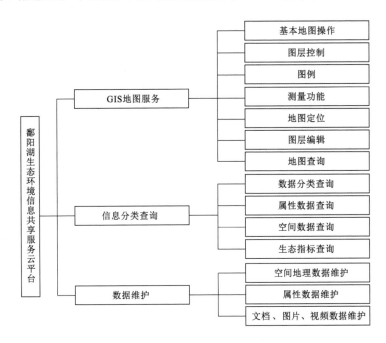

图 5.4-3 鄱阳湖生态环境信息共享服务云平台功能结构图

5.4.3.1 GIS 地图服务

GIS 地图服务可实现地图显示、交互、操作、查询等功能。

（1）基本地图操作：地图的放大、缩小、平移、全图、打印、鹰眼视图等操作。

（2）图层控制：图层的显示控制。所有的地理信息图形是分层管理的，可根据需求选择相关图层内容。

（3）图例：提供显示所有资源和对应的图例列表。

（4）测量功能：可完成相关图形测量工作。例如：测量任意点之间的线路长度、任意矩形范围的面积、任意半径范围的面积、任意多边形范围的面积等。

（5）地图定位：以资源对象的名称或对象的特殊属性为条件，在地图上快速地以指定符号定位资源对象。主要包括行政区、公路、河流湖泊、乡镇、自然保护区、水利工程、水质监测点、水文气象站、坐标定位等。

（6）图层编辑：图层要素的添加、修改、移动、删除，及对其属性数据的增加、删除、修改维护。

（7）地图查询：可点选、拉框、划定多边形或圆形区域检索地图上的资源要素的各项属性，或利用属性查询定位生态资源等。

5.4.3.2 信息分类查询

实现数据分类查询、文字查询、地图交互查询和查询结果显示。其中数据分类查询可以直接在目录树上勾选，指定查询数据类型。文字查询提供按用户输入文字信息的形式查询，对不同的业务数据类型设置查询选项。通过制定目标数据的时间区间、空间范围、数据质量以及其他技术指标来精细的筛选数据。

1. 数据分类查询

从数据库读取数据分类信息，生成数据目录，用户可以在数据分类上勾选一类或某几类数据作为数据查询的目标范围，根据查询结果提供地图定位操作。数据分类查询展示如图 5.4-4 所示。

2. 属性数据查询

通过资源对象的属性字段进行模糊查询，如通过水质监测站点的名称和鸟类监测的时间段进行查询等，根据查询结果提供地图定位操作。

3. 空间数据查询

空间数据查询提供空间区域查询、生态资源目录、资源信息列表、资源详细信息查询等四种功能。空间区域查询主要包括矩形查询、多边形查询、固定区域查询和缓冲区查询四个功能。矩形查询是允许用户在地图上拉取矩形区域框查询该矩形区域内的生态信息；多边形查询是允许用户使用多边形区域查询

图 5.4 - 4　数据分类查询展示

出任意多边形区域内的生态相关的资源信息；固定区域查询是用户通过选择固定区域（如市、县、乡镇、自然保护区等固定区域），查询该区域内的生态信息；缓冲区查询是允许用户任意操作缓冲区、线缓冲区和面缓冲区进行查询。生态资源目录是在信息结果显示栏中，以树状结构显示查询区域内的生态资源的各种业务对象。资源信息列表允许用户选择根据指定资源类型的属性信息，在列表中查看该资源类型的属性信息，当选择指定的属性信息，在地图上将自动定位到该属性信息。资源详细信息允许用户选择信息列表中的一条记录查询其详细信息，如查询自然保护区信息列表中的特定自然保护区的详细信息等。

利用地图空间区域选取方式，对鄱阳湖信息进行综合查询、检索。用户可通过拉框区域、多边形任意区域、固定区域和缓冲区（任意点缓冲区域和道路缓冲区）进行空间检索。可在地图上查询污染源分布、湿地、植物、鸟类、鱼类、灌溉设施、水利工程等生态资源信息。

4．生态指标查询

按照三级指标体系从数据库中读取生态指标生成生态指标目录树，用户可以选择查看任意一级的生态指标，显示生态指标数据。

5.4.3.3　数据维护

数据维护提供人工方式录入数据和批量数据导入等数据维护方式。

（1）空间地理数据维护。空间矢量数据维护涉及有点、线、面、标注等内容，提供基于 Web 的分布式空间数据编辑的功能。

（2）属性数据维护。为用户提供生态资源数据对象属性数据维护，具有新增、修改、删除数据记录和数据项等功能。图 5.4 - 5 为水文气象监测属性数据维护界面。

图 5.4-5　水文气象监测属性数据维护界面

（3）文档、图片、视频数据维护。系统将文档、图片和视频都作为文件存放在指定目录下，用户通过存储路径来访问文档、图片和视频等文件。用户可上传文件，或修改上传文件的名称、格式、存储路径。

第6章

鄱阳湖三维虚拟仿真技术

虚拟仿真是智慧鄱阳湖的关键技术之一，结合可视化技术构建的仿真平台将综合利用可视化技术、多媒体和虚拟仿真技术展现湖泊动态化、丰富多彩的各类建设和应用成果，其主要在基础地理数据可视化、环境监测可视化、水环境信息可视化和水利事件过程可视化四个方面体现。基础地理数据包括了遥感影像数据、数字地图和数字高程成果等，这些信息的可视化为水利专题应用成果表达和水利仿真的空间化展示提供了重要的二维和三维地理背景信息。基础地理数据的可视化建设主要基于GIS、计算机视觉、空间可视化和空间数据库技术实现。环境监测可视化包括环境监测时序影像的可视化和监测分析结果的可视化两部分。环境监测时序影像的可视化建设，主要是对现有的水文监测站网进行网络化改造，使传感器能够及时将时序影像发送到可视化系统的客户端并显示。监测分析结果的可视化需要结合监测和分析模型，对流域环境的各种要素的相互关系与变化趋势进行分析，并将分析结果以各种可视化图表的形式在系统中绘制出来，为用户提供更为直观的监测分析结果。水环境信息可视化包括水环境各种专题信息的可视化。采用空间统计、空间关联分析、地形仿真、地物符号仿真的技术，实现水环境各类信息的可视化表达，包括水环境概况可视化、统计可视化、趋势可视化、要素分布可视化，以及以之为基础的水环境专题图快速生成。水利事件过程可视化利用三维地形仿真技术和水利过程数字推演技术，实现对各类水利事件的可视化描述，包括洪水过程可视化、水利调度可视化、水政执法可视化等。

6.1 三维建模技术

在计算机图形学和虚拟现实领域，自然景物与现象的仿真模拟一直是最有挑战性的研究热点和难点。地形三维建模在水利水电行业、虚拟环境、三维动画等领域有着广泛的应用需求。根据地形三维建模原理，总体可以分为基于真实地形数据库的地形仿真、基于分形技术的地形仿真、基于数据拟合的地形仿真等三种方法。

6.1.1　基于真实地形数据库的地形仿真

根据真实地形数据库进行地形生成是实际工作中使用最多的一类。目前大多采用数字地面模型（Digital Terrain Model，DTM）来生成，数字地面模型最初是 Miller 为了高速公路的自动设计提出的。此后，它被用于各种线路选线的设计以及各种工程的面积、体积、坡度计算，任意两点间的通视判断及任意断面图绘制。在测绘中被用于绘制等高线、坡度坡向图、立体透视图，制作正射影像图以及地图的修测。在遥感应用中可作为分类的辅助数据。它还是地理信息系统的基础数据，可用于土地利用现状的分析、合理规划及洪水险情预报等。地形可视化应用中经常会遇到的一个问题是，根据数字地面模型生成的模型数据库过于庞大，通常包含了超过图形硬件实时处理能力的三角形，而且地形模型纹理容量也可能超出了硬件纹理内存的容量，实时系统往往不能处理这样规模的地形。对过于复杂的地形，通常使用细节层次（Levels of Detail，LOD）技术来简化。LOD 技术在不影响画面视觉效果的条件下，通过逐次简化景物的表面细节来减少场景的几何复杂性，从而提高绘制算法的效率。该技术对每一原始多面体模型建立几个不同逼近精度的几何模型，与原模型相比，每个模型均保留了一定层次的细节。在绘制时，根据不同的标准选择适当的层次模型来表示物体。LOD 技术具有广泛的应用领域，很多造型软件和 VR 开发系统都支持 LOD 模型表示，恰当地选择细节层次模型能在不损失图形细节的条件下加速场景显示，提高系统的响应能力。

6.1.2　基于分形技术的地形仿真

分形几何着重描述的是物体的随机性、奇异性和复杂性，它能够在混乱现象和不规则构型前提下，揭露被隐藏的运动规律以及局部与整体的本质联系。分形几何具有细节无限以及统计自相似性的典型特性，它用递归算法使复杂的景物用简单的规则来生成，在现代计算机图形学中，分形几何在对自然现象的真实绘制和建模方面起着重要作用。分数布朗运动（fractional Brownian motion，FBM）数学模型是现代非线性时序分析中的重要随机过程，它能有效地表达自然界中许多非线性现象，也是迄今为止能够描述真实地形的最好随机过程。分形几何建模大致可归纳为泊松阶跃法、傅里叶滤波法、中点位移法、逐次随机增加法和带限噪声累积法等 5 类。

（1）泊松阶跃法是将泊松分布用于 FBM 的产物，它在服从泊松分布的间隔上，将高斯随机位移（或称步长函数）加到一个平面或球面上，其结果具有FBM 特征。这种方法很适合于用球面生成类似星球的物体，它的主要缺点是算法的时间复杂度较高。

（2）傅里叶滤波法是将一个二维的高斯白噪声进行傅里叶变换，在频域将变换结果同一适当的滤波器相乘，然后再将所乘结果进行傅里叶反变换，其结果就是 FBM，从而形成自然地景的形态。这种方法的优点是可以精确地控制所有的频率分量，产生不同的纹理图像效果，缺点是最终形成的地表结果具有周期性，且算法的时间复杂度是 0。此外还缺少细节的局部控制以及难以改变采样的精细程度等缺点。

（3）中点位移法是标准的分形几何法，可用作快速生成地形。它是利用细分过程中，在 2 个点或多个点之间进行插值的方法来建模，因此中点位移法产生了真正的分形地表。但是不同细分阶段产生的点在相邻区域中有不同的统计特性，这常会留下一道明显痕迹，即所谓的"折痕问题"，当添加更多细节时，该折痕也不消失。

（4）逐次随机增加法是一个灵活的细分方案，如果需要利用上一级细分过程确定的点，则这些点首先需要增加一个服从某种分布的随机变量，一般新的点可通过在上一级细分水平基础上进行线性或非线性插值得到。

（5）带限噪声累积法是将频率范围受到严格限制的信号反复叠加，其中每一个信号的幅度是随机变化的（即噪声），因此这种方法也称噪声合成法。这是一种基于函数的建模方法，每个点的确定独立于它的所有邻接点，这是此法区别于一般的随机分形算法的独特之处。

6.1.3　基于数据拟合的地形仿真

最简单且常用的地形仿真方法是由稀疏分布点的高程值构成一些简单的三角形平面，从而形成地形框架，并贴以纹理图像的方法。这种方法显示速度很快，但基本框架过于简略，且常有很强的卡通效果。因此，地景的真实感受到影响。很多情况下，地形仿真也用曲面（如二次、三次曲面等）进行拟合，曲面不需作分段线性近似，仍可以保证相邻面的斜率连续性，因此非常灵活。但由于其数学计算的复杂性，对于复杂场景来说，计算量较大。另外，为了增加逼真效果，也可以用分形技术直接对用上述方法生成的光滑平面或曲面进行噪声扰动，从而形成真实感较强的地形表面。

6.2　三维虚拟场景构建技术

三维虚拟场景构建包括三维地形的构建和地物三维模型的构建。

三维地形的构建方式之一是通过航空遥感测量获取研究区域的高精度的地形高程数据 DEM 及其高分辨率的遥感影像图，二者叠加生成高低起伏的地形三维模型。

地物三维模型的构建方式主要有激光测量技术、规则建模技术、三维建模软件三种方法。

激光测量技术通过激光测距的方法获取地物的外围轮廓，从而构建地物的三维模型，这种方法简单有效，但构建的模型精度较低，很多细节部位还是需要借助三维建模软件来完成建模工作。

规则建模技术最大的特点就是批量建模，可以在较短时间内完成城市建模，其规则是可以重复利用的，这可以在很大程度上提高建模的效率，但对于室内建模还是存在不足之处。

三维建模软件运用三维建模软件建模的方式构建三维场景是最常见的方式，而且可以保证场景的逼真效果，而且建模方法简单，可实现最精细化的建模，对模型进行优化处理后可以大大地降低模型的数据量；但其不足之处在于建模成本较高、效率低。

6.3　VR 三维虚拟现实技术

1989 年美国 VPL 公司创建人 Jason Lanier 给 VR 赋予了真正科学的含义，并用虚拟现实来统一表述新的人机交互技术。VR 技术，即虚拟现实技术，是在虚拟的环境里体验现实世界。虚拟技术是在计算机技术基础上，用传感器技术、图像技术以及多媒体技术，人机接口、仿真技术建立的新技术。虚拟技术的核心是建模与仿真。虚拟技术在各个行业中都有所运用，在水利行业同样也有所运用，如模拟山洪灾害暴发的场景、水利工程设计、水利工程宣传汇报等。

虚拟现实可以体现出不同的特征，其三个基本特性是沉浸性、交互性和构想性。同时，运用该项技术和人工智能技术、其他技术，还能体现出智能化、自我演化的特点。该项技术涵盖了多门学科内容以及有关技术，能够按照人类的感觉系统体验虚拟场景。创新运用该项技术，并采用"虚拟现实＋"，也能构建出有效运用在不同行业的相关应用系统，促进网络以及移动终端应用得到更大发展前景，并助力不同行业有效开展变革发展工作。此外，该项技术拥有的各项特征能够给人们带来不同体验，也会对水利行业带来新的发展。

6.4　鄱阳湖水利信息三维展示与查询系统的设计与实现

随着地理信息科学的发展，三维 GIS 的研究与开发逐渐成为热点与趋势。对直观快捷地掌握和了解鄱阳湖提出了新要求。综合运用现代 GIS、VR 三维虚拟仿真、360 度全景和移动网络 AR 增强现实等方法和技术，实现鄱阳湖区水利信息的三维可视化表达和人机交互信息查询。三维场景动态漫游和 360 度全景展示功能，使用户从整体上更直观和综合地对鄱阳湖区景观和水利信息进行全方位浏览。开展鄱阳湖水利信息三维展示与查询系统研究，其成果在鄱阳湖科学研究和开发利用方面具有重要作用。

通过鄱阳湖水利信息三维展示与查询系统的建设，实现快速、系统地对鄱阳湖信息（如不同水位下湖区淹没区域、自然保护区和风景区、水资源、水生态与水环境、各类水利工程信息）有效的存储与管理。用户能够查询鄱阳湖资源（包括人口、经济、水资源、水量、水质、水生物、湿地、候鸟、土地利用、水利工程、政府治理等）信息，并能将地形以三维展示，给人更全面、直观的印象。通过建设该系统可以大大辅助科研和科技服务者对鄱阳湖地区规律和特征的认识以及科学决策，为决策者提供便捷的鄱阳湖信息查询方式，使决策者可在最短的时间内获得鄱阳湖区信息，方便做出快速的判断并采取相应对策。

6.4.1　总体架构

鄱阳湖水利信息三维展示与查询系统总体架构见图 6.4 - 1。

（1）数据层，包括鄱阳湖区内各种地理实体的空间数据、多媒体数据和属性数据。其中空间数据包括遥感影像、DEM、二维矢量地图、360 全景数据以及场景三维模型数据等，采用数据库技术进行存储和管理，多媒体数据库包括图表、文档、语音与视频等。

（2）功能层，以 ArcEngine 作为二次开发平台，在语言环境下，将建立好的三维地形模型、三维地物模型和二维的平面图进行连接，实现对鄱阳湖区内地理实体的浏览显示、三维漫游以及查询功能，并能对各种地理实体进行二维三维量算、缓冲区分析等功能。

（3）应用层，三维可视化的主要目的是便于用户操作使用，系统界面是人机交互的接口，包括用户如何操作系统以及系统如何向用户反馈信息，分为主菜单、工具栏、状态栏、主窗口区等，使用窗口、菜单、图标、对话框等符号操作来完成系统应用，实现系统与用户的交互性。

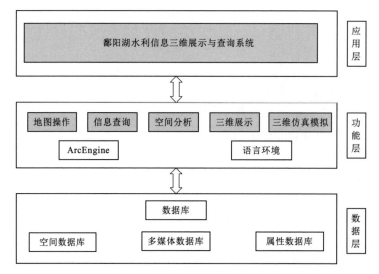

图 6.4－1　鄱阳湖水利信息三维展示与查询系统总体架构

6.4.2　三维建模

三维建模流程主要分为三维数据获取、三维数据处理、三维建模、三维漫游和三维场景发布等几部分内容。

6.4.2.1　三维数据获取

系统所需数据包括鄱阳湖区的高分辨率的 DEM、不同水位遥感影像图、地形矢量要素图层和地物精细三维模型。

（1）高分辨率的 DEM。由于鄱阳湖区域的面积较大，地势相对平坦，为了更好地表现地形的高低起伏效果，更加真实地反映研究区域的实地环境，需要采用覆盖鄱阳湖主体水域的高分辨率的 DEM 作为三维模型的高程数据，本书采用实测 5m 分辨率鄱阳湖水下地形数据。

（2）不同水位遥感影像图。鄱阳湖是一个季节性、吞吐性的内陆湖泊，具有"洪水一片，枯水一线"的特性。为了模拟鄱阳湖水位的季节性变化，需获取覆盖鄱阳湖主体水域的不同水位（7～22m）的影像图。

（3）地形矢量要素图层。鄱阳湖区矢量要素图层有三个作用：①简单地物的三维模型不需要利用第三方三维建模来构建，矢量要素图层提供地物的轮廓，在 CityEngine 中可直接根据地物轮廓进行规则建模；②矢量要素具有空间位置准确的特性，可以作为检验三维模型是否导入到准确的位置；③矢量要素作为辅助，使三维信息更丰富。

（4）地物精细三维模型。鄱阳湖区有很多的工程，这些地物的结构比较复杂。对于结构复杂的地物，需借助第三方三维建模软件创建地物的精细三维模型。

6.4.2.2　三维数据处理

三维建模使用 CityEngine 构建三维场景，对数据格式、大小有特定要求，因此需要对相关数据进行处理。数据处理过程包括地形矢量要素处理、地形栅格数据处理、三维模型数据处理和三维模型优化处理。

（1）地形矢量要素处理。在将矢量要素图层导入 CityEngine 前需要将要素图层存储在文件地理数据库当中才能被 CityEngine 识别。

（2）地形栅格数据处理。对 DEM 和遥感影像图进行裁剪、空间校正处理，保证 DEM 和影像的范围和地理坐标相一致，转换为 TIF 格式，同时对于地理要素数据赋予相应的地理坐标和投影坐标系，并将其存储于文件地理数据库中。地形三维模型构建完成后，需要进行高程校正，修正错误区域。

（3）三维模型数据处理。将用 3D Max 等第三方软件制作的精细三维模型转换为 Object File 格式。

（4）三维模型优化处理。三维模型是整个三维场景的基础，模型的质量直接影响系统的运行效果和场景的逼真度，对于大规模的复杂场景而言，模型的优化显得极其重要，具体模型优化方法如下：

1）模型数量优化：将相同材质的物体进行合并。

2）模型面数优化：删除模型之间的重叠面，删除模型底部看不见的面，删除物体之间相交的面。

3）场景纹理优化：纹理图的优化需要从一开始烘焙贴图的时候就设置优化原则，重点建筑烘焙贴图的尺寸可以为 1024×1024；相对于重点建筑小一些的模型，其烘焙贴图尺寸可以为 512×512；比较小的模型，其烘焙贴图的尺寸可以为 256×256 或者 128×128。其中镂空贴图不用进行烘焙。

6.4.2.3　三维建模

鄱阳湖三维展示与查询系统采用数字地面模型构建地形三维模型。通过获取鄱阳湖区的遥感影像数据和 DEM 生成三维地形模型。其具体的三维建模过程包括地形三维模型构建、地物三维建模、模型叠加误差分析三个步骤。

（1）地形三维模型构建。本书利用 CityEngine 新建三维场景，选择与 DEM 相对应的坐标系，选择 DEM 为高程数据，遥感影像为纹理生成地形三维模型，通过设置拉伸参数，调整地形起伏效果，保证地形不失真。

（2）地物三维建模。将地物矢量要素导入三维场景，应用工具栏中的三维编辑工具通过拉伸、分割等操作搭建地物模型框架，或者通过 CGA 规则编辑构建地物模型结构。地物模型构建完成后，为了达到更逼真的效果，需要对地物模型进行纹理贴图。在 CityEngine 中采用 CGA 规则编码方式给地物贴纹理。

（3）模型叠加误差分析。对于精细三维模型需要采用第三方软件制作，将 obj 格式文件导入后，参照矢量要素图层将模型移动至正确的位置，通过拉伸、旋转操作调整模型的方向、大小以适应三维场景。

虚拟现实系统的核心内容是构建三维虚拟场景，三维建模是基础。虚拟场景的建立首先要进行建模，然后在其基础上再进行实时绘制和立体显示。首先，针对三维虚拟场景区域，采集三维建模所需基础数据，然后通过三维建模技术建立场景三维模型；其次，三维模型需要进一步加工，一个逼真且流畅的三维虚拟场景，不仅要有逼真的模型，而且需要有流畅的运行效果，模型要尽量优化且不影响整体效果，三维场景优化技术在这个过程中起到了关键作用；最后，三维虚拟场景在烘焙处理后，通过三维互动仿真平台进行实时渲染绘制和立体显示，实现交互漫游等功能。三维虚拟场景仿真集成的技术路线如图 6.4-2 所示。

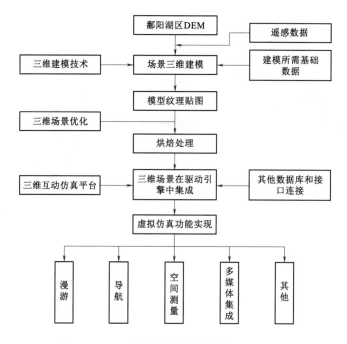

图 6.4-2 三维虚拟场景仿真集成的技术路线

6.4.2.4 三维漫游

在 CityEngine 中有路线漫游和标签漫游两种漫游方式。可根据用户需求设计特定的漫游路线，实现场景漫游的功能。此外，用户可设计特定的场景标签，实现场景的快速跳转，满足用户各种漫游需求。

此外，三维场景中还提供了三维查询功能，点击查询按钮输入目标进行查询，场景镜头切换至所查询的目标，并将场景缩放至最合适的大小。通过这种方式也可对三维场景实现有目的性的、跳跃式的漫游。

6.4.2.5　三维场景发布

通过部署不同的三维场景包至服务器，系统部署并发布成功之后，系统用户通过切换场景地址链接进入不同场景，实现不同场景之间切换，并达到虚拟效果。

6.4.3　系统的实现

鄱阳湖水利信息三维展示与查询系统共设五个模块，分别为地图操作、信息查询、空间分析、三维展示以及三维仿真模拟。系统功能结构图如图 6.4 - 3 所示。

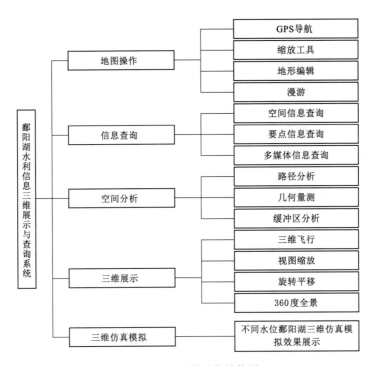

图 6.4 - 3　系统功能结构图

6.4.3.1　地图操作

地图操作是对系统二维地图和 360 度全景的操作，包括放大、缩小、全屏显示、旋转视图、倾斜视图、前一视图、后一视图、左移、右移、上移、下移、定位到指定位置等。通过人机交互实现同步 3D 景观全景、2D 地图/航空影像/卫星影像的集成和切换。地图功能界面见图 6.4-4。

图 6.4-4　地图功能界面

6.4.3.2　信息查询

支持双向查询，可通过点击目标查看其空间信息和属性信息、查询地理实体，也能对自定义的要点进行场景和属性信息查询。

用户可以以点、线、面为中心，自定义缓冲半径长度后，生成缓冲区域作为查询范围。选择所需要查询的空间信息类型，包括水文站、水库、基地等，可在自定义范围内查询到兴趣点位置及其详细信息。

（1）空间信息查询。主要是基于地形数据、遥感影像数据以及水利专题数据，通过图查文、文查图、空间关系的查询以及逻辑查询等方式来实现对鄱阳湖水利地物或地类的地理位置和形态等信息进行查询。空间信息查询偏向于对实体空间位置的查询，基于空间关系查看地理实体的相关属性信息。

（2）要点信息查询。主要是对自定义的要点进行更为详细、全面、直观的展示。查询研究区范围内某些具有代表性和重要实际意义的建筑、工程或某个区域。

要点查询内容是在基础地图的基础上，提供不同地理信息图层叠加显示，包括基础地图信息，如天地图底图、天地图影像标记等，空间数据信息包括水利工程、鄱阳湖模型试验研究基地、河流湖泊、水文站点、保护区、蓄滞洪区、风景名胜区等。系统要点查询结构如图 6.4-5 所示。

（3）多媒体信息查询。多媒体信息主要包括图、文、表格、语音等表现形式的信息。每一个空间信息和要点信息查询结果展示的同时，均自动以多媒体

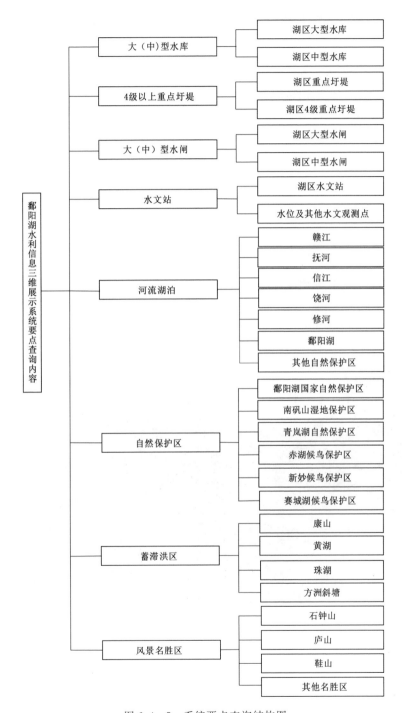

图 6.4-5　系统要点查询结构图

形式展示相关属性信息。

6.4.3.3　空间分析

系统提供基于地图信息的空间数据分析，进而获得更深层的数据信息，为用户提供更多参考信息。

（1）路径分析。用户在界面范围内选择起点和终点，系统依照时间最短、距离最短或不走高速等条件，分析出满足条件的最佳行驶路段，结果面板上可估算各个路段使用时间。用户还可以根据实际情况对路段进行障碍设置，以达到更精准、贴合实际的最佳路径。

（2）几何量测。几何量测提供面积量算和距离量算。

（3）缓冲区分析。在自定义缓冲方式、缓冲半径的前提下，选择在需要的缓冲区范围内检索空间信息。它具有一定的地域性，使信息查询缩小在某一范围而不是整个界面地图区域，减少查询量，提高查询效率。

6.4.3.4　三维展示

对于主要场景提供 360 度全景展示，同时在全景中集成相关的多媒体介绍信息，并可实现三维飞行、视图缩放、旋转平移等功能，使用户对研究区域范围内的场景如身临其境，相比较文字图片，更加生动形象地表现真实感。三维展示界面如图 6.4 - 6 所示。

图 6.4 - 6　三维展示界面

6.4.3.5　三维仿真模拟

鄱阳湖三维仿真模拟利用 CityEngine 二次开发平台，构建三维模型与二维地图连接，实现鄱阳湖地区漫游浏览和水利兴趣点的查询分析。通过模拟水位，观察水位变化对鄱阳湖地区的影响。主要包括五个功能模块：图层控制、热点查询、系统工具、信息共享和信息识别。

（1）图层控制：根据用户选择对场景中的热点进行开关控制、通过对不同水位的开关切换，模拟显示出鄱阳湖不同水位变化的场景情况。

（2）热点查询：通过输入热点名称，对该热点位置进行查询，可以有效定位到查找的热点。

（3）系统工具：调节三维模拟场景的视觉效果，以及模拟在不同季节或时间段中场景的变化，包括对场景的日照时间调整、季节调整以及阴影覆盖方式。

（4）信息共享：在连接互联网的情况下，可通过邮件或发送网址的方式将平台信息共享给其他用户，无网络则无法进行共享。

（5）信息识别：在场景中点击热点模型，可在侧面功能面板上查看到该热点的详细介绍，包括热点名称、类型、简介等。

第 7 章

智 能 决 策 支 持 技 术

智能决策支持技术是利用计算机技术为决策者提供分析支持进而辅助决策的自动化技术。智能决策支持系统发展历史虽然并不是很长，但是在一些比较大型的企业、一些商业领域的发展已经进入了比较深入的阶段。基于大数据、云计算的决策支持已经给国内外很多企业的管理和决策提供了有力的支持，实现管理决策准确、高效地执行。使用智能决策支持系统可以防止人工错误，减少人工消耗，降低和避免企业经营决策者的决策失误，使得治理体系适应力更强、更具弹性。因此，智慧鄱阳湖的研究使用智能决策支持系统作为支撑很有必要。

7.1　智能决策支持系统结构及特点

智能决策支持系统起源于 20 世纪 80 年代，它的核心思想是人工智能和决策支持系统（Decision Support System，DSS）相结合，应用专家系统技术（Expert System，ES）来辅助决策的一个系统。它可以使 DSS 能够充分应用人类现有的知识，并通过逻辑推理解决庞大杂乱的决策问题。智能决策支持系统能解决结构化、非结构问题以及定量和定性的问题，在此基础上提高决策能力，在应用中发挥着巨大的作用。特别是处理一些不确定性问题，传统决策支持系统的数值分析方法很难解决该类问题，而使用智能决策支持系统能够比较方便灵活地处理问题，其结果更加有效和更加准确。智能决策支持系统结构图见图 7.1－1。

智能决策支持系统通过对日常的数据业务进行处理，从而获得基础数据，对这些基础数据按照一定的数学方法或者某种智能的形式进行科学的排序整理和合理的分析处理，提取和捕获业务数据的某些特征，从而能够比较准确地预测发展趋势，能够辅助决策者实施决策。对于决策支持系统来说，想要为决策

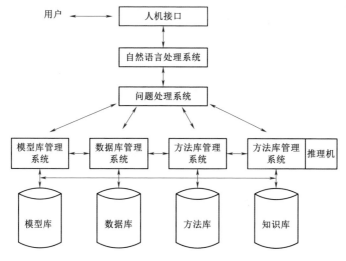

图 7.1-1 智能决策支持系统结构图

人员提供更好的决策支持，就必须提高系统的知识储备和提升对知识分析处理的能力。智能决策支持系统是一个"智能"的系统，它在提高系统的知识储备和提升对知识进行处理的能力方面是十分有效的，它可以改善系统的决策水平和质量，扩大系统的现实应用范围和能力有着极其重要的理论意义和现实使用价值。智能决策支持系统的特点如下：

（1）基于成熟的技术，能够比较容易地构建出应用系统。智能决策支持系统是决策支持系统的进一步发展和深化，是和专家系统相结合的产物，发挥专家系统定性分析和 DSS 定量分析的能力，具有两者的优点。它起源于 20 世纪80 年代，现今已经具有相当完善的理论和较为成熟的技术，因此开发应用系统是比较容易的。

（2）系统能够比较充分地利用各个层次的信息资源。智能决策支持系统可以拥有多种类型的信息库，比如文本库、数据库、方法库、模型库和规则库等。多样的信息库存放了各种各样类型的信息，而智能决策支持系统要用来处理半结构化或非结构化问题，可以充分地利用各个层次的信息资源去解决处理问题。

（3）基于规则的表达方式，使得使用者能够方便地使用。智能决策支持系统往往解决的是计算机难以理解或者不容易通过程序代码解决的决策问题，使用基于规则的表达方式，一方面能够方便使用者的使用，另一方面能够比较容易地使用系统处理和分析描述问题，方便系统对问题的解决。

（4）具有较强的模块化特性，并且模块重用性好，系统的开发成本低。智能决策支持系统在决策过程中，知识库里的很多知识不能够单独使用数据来描述，也不是简单地依靠模型就能表示，因此没有固定方式来使用专门知识和历史经验，而是使用推理机和规则库，把知识放入规则库。具有模块化的智能决策支持系统开发成本较低，且部分模块可以比较容易地重新使用。

（5）系统的各个部分组合方式灵活，具有强大的实现能力，系统维护相对容易。智能决策支持系统从结构上看，各个部分是相对分散的，相互之间不会进行干扰，维护相对简单，相互之间可以进行相对灵活的组合。系统通过调取系统内部的信息和规则，对复杂的半结构化问题或者非结构化问题进行求解，提供相应的决策支持，具有很强的实现能力。

（6）可以比较方便地加入先进的技术，比如人工智能技术等。对于智能决策支持系统来说，它是专家系统和决策支持系统相结合的产物，发挥两者的优点，提高了系统对非结构化决策问题的解决处理能力。对于先进的技术，它可以比较方便地加入。

7.2 鄱阳湖智能决策支持技术

7.2.1 人工智能总体框架

人工智能是计算机科学的一个分支，它试图了解智能的实质，并生产出一种新的能以人类智能相似的方式做出反应的智能机器。该领域的研究包括机器人、语言识别、图像识别、自然语言处理和专家系统等。人工智能是研究人类智能活动的规律，构造具有一定智能的人工系统，研究如何让计算机去完成以往需要人的智力才能胜任的工作，也就是研究如何应用计算机的软硬件来模拟人类某些智能行为的基本理论、方法和技术。人工智能由方法库和知识库管理系统两个部分组成。方法库是将知识、数据、模型、方法等各个方面有机结合，提供建立、求解模型有关的方法。知识库管理系统用来存放各种规则集、专家知识经验及其因果关系。人工智能主要用于提供问题分析时的知识推理，对问题做出定性分析前的定量操作，是一个辅助的功能。人工智能自诞生以来，理论和技术日益成熟，应用领域也不断扩大，可以设想，未来人工智能带来的科技产品，将会是人类智慧的"容器"。人工智能可以对人的意识、思维的信息过程进行模拟。人工智能不是人的智能，但能像人那样思考、也可能超过人的智能。人工智能主要包括基础设施、基础技术、AI 要素、AI 技术和 AI 应用五个部分，其中最核心的是人工智能算法。人工智能总体框架结构如图 7.2-1 所示。

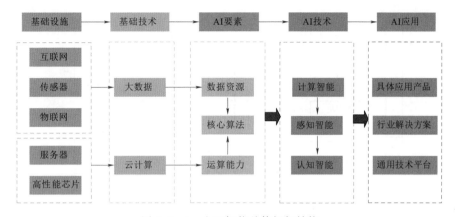

图 7.2-1　人工智能总体框架结构

7.2.2　决策支持系统框架

决策支持系统由人机交互系统、模型库系统和数据库系统组成。人机交互系统采用菜单的形式，实现系统和用户的交互，用户根据菜单中指示调用功能模块。模型库系统是 DSS 的核心部分，用来存放各种决策、预测及分析模型。模型主要是数学模型，也可以是图形、图像模型，报表模型等。数学模型是应用最广泛的模型，包括方程形式、算法形式和程序形式。对模型的介绍、说明一般采用方程形式，误差的控制采用模型程序解决。数据库系统存放基础数据、决策信息和事实性知识，既包含水利相关统计数据等基础数据，也包含数学模型运行后的结果。

决策支持系统的发展主要经历了三个阶段，即计算机辅助支持系统、利用数据库和数学模型为决策者解决非良构问题（开放性、理解性和答案多元性的问题）的计算机互动系统、提高管理科学性和决策有效性的技术应用系统。一般而言，在不同的分类标准下，决策支持系统也有所同。基于支持方式的差异对决策支持系统进行了分类，并将其分为五大类型：文本驱动、通信驱动、数据驱动、资源驱动和模型驱动。Holsapple 等则根据面向对象的不同将决策支持系统分为六种：面向数据库系统、面向文本系统、面向表格系统、面向问题系统、面向规则系统及复合决策支持系统。决策支持系统结构如图 7.2-2 所示。

DSS 可以为人们做决策时提供用于决策的信息和背景数据，为其辨别问题提供帮助，方便其决策；决策者可以自行评价并选择最佳方案，借助人机交互方式进行对比、分析和判断，决策者能建立决策模型或对决策模型进行修改。

107

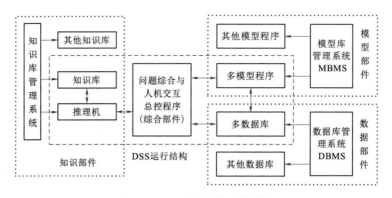

图 7.2 - 2　决策支持系统结构

7.3　鄱阳湖防汛抗旱智能决策支持系统设计与实现

鄱阳湖防汛抗旱智能决策支持系统将预警和险情信息进行关联集成推送，将传统人工电话集成到统一会商语音平台，通过一张图汇集了水雨情、气象、防洪工程、防汛应急管理等防汛抗旱相关信息，并建立防汛抗旱知识库，研制可量化的防汛抗旱决策风险分析模型为相关决策者提供辅助。系统采用 B/S 架构，结合 WebService、GIS、Hadoop、人工智能、决策支持、数据库管理等技术研发鄱阳湖智能决策支持系统。系统由防汛智能决策支持、抗旱智能决策支持、会商指挥及应急处置支持三个部分组成。系统建设的目标与任务如下：

（1）以信息集成为基础，为防汛抗旱提供数据支撑。围绕水利行业防汛抗旱工作中涉及的各类信息及相关系统，建立统一的数据集成规范，将基础数据、实时数据、多媒体数据以及管理数据进行有效融合，形成一体化的集成信息平台。基础资料数字化，行政区划、管理机构、水利工程等以文字、照片和录像等存储至计算机；动态数据流程化，工作安排、工作计划、日常巡查管理等事务、管理过程数据等采用规范流程进行自动管理；实时数据自动化，水库、河湖水情、气象（雨情、云图）、图片（水库巡查图片）、视频（排涝站监控视频）和安全巡查轨迹等数据采用自动采集装置进行自动采集。

（2）以规范协同为手段，为会商指挥提供高效运作平台。精细化管理目标，在管理的标准化和专业化上下功夫，围绕规范专业管理，建立统一的业务模式，在管理的系统化、常态化、流程化、标准化、专业化、数据化、表单化、信息化等各个方面进行规范，通过系统平台对每一个岗位、每一项工作、每一个设备、每一个时刻都加以控制，加强业务中各岗位的协同工作能力，消除防汛防旱调度过程中的差错和违规调度，实现运行风险的"可控、能控、在控"的目标。

（3）以科学计算为支撑，为应急处置提供辅助决策。充分利用信息集成的相关数据，围绕会商指挥和应急处置等环节，建立科学的计算模型和经验模型，为应急抢险救援和预测分析指挥提供决策辅助。在会商会议时，能够通过对未来降雨的预测，采用洪水分析模型，对各水库和河道水位进行中、短期预报，有利于科学合理的组织防汛工作。在应急抢险处置过程中，能够通过结合预案、预定路线、物资储备等基础信息，以及对不同道路承载能力分析、物资分布及受灾人口的分布，采用最优路径计算模型，给出抢险救援的最佳方案。

7.3.1　技术标准

智能决策支持技术应满足如下标准：

（1）统一基础平台。基于 Hadoop 等新一代大数据技术，实现鄱阳湖数据抽取、存储和分析处理，实现鄱阳湖决策支持模型的运行和管理，形成云端智能决策支持承载平台。针对现有的数字化鄱阳湖系统无统一的决策支持技术架构，导致已抽取好的源数据、已形成的部分数据模型无法接入云端平台的问题，形成统一、标准化的技术架构，使鄱阳湖用户可继续利用已有的信息化资源和资产，通过升级改造接入云端，同时还可以在本地提供一部分离线智能决策分析的功能。

（2）统一数据描述。针对现有的数据决策分析模型无统一规范、难以在同一个平台运行、难以在云端以服务形式发布的问题，形成基于云计算架构的大数据决策分析模型承载规范，使得平台能够对模型进行统一处理、运行和发布展示；统一规范平台及其接入子系统各层级的业务范畴，提出公共的数据描述规则，按数据类型限定传输格式，理清不同抽象层次的数据范围，确定上层在抽取下层数据时的取舍规则，为源数据接入决策平台的 ETL 过程提供规范和依据。

（3）系统的高性能。为了实现海量数据条件下的实时分析要求，需要内存计算、列计算、分布式计算等技术来支持，达到对于每个分析主题均能在最短时间内响应用户查询的效果。采用 Spark 等新一代数据处理框架可以有效地解决传统数据分析技术性能不足、无法水平扩展计算资源等问题。

（4）自助服务能力。在数据分析时，用户可以自由地对数据进行 ETL 处理，可以随意切换维度，进行无限层次的透视分析，均为可视化操作，无须编辑代码和脚本。对于常规的结构化数据，从数据抽取、数据清洗到多维数据库表，再到前端的多维分析都提供一体化的自助服务，加速从需求提出到结果展示的过程快速迭代。

7.3.2 总体架构

由于鄱阳湖防汛抗旱智能决策支持系统的业务范围较广，因此在设计架构时需要提取公共模块做较高层次的抽象，同时架构还要容纳专业模块的多种业务数据、业务模型。

鄱阳湖防汛抗旱智能决策支持系统架构分为业务系统、数据汇接、分析平台、数据应用和决策支持统一管理平台 5 个部分（见图 7.3-1）。

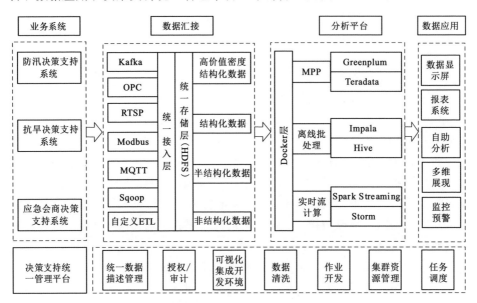

图 7.3-1 鄱阳湖防汛抗旱智能决策支持系统架构

（1）业务系统。业务系统包括防汛决策支持、抗旱决策支持、应急会商决策支持等系统，系统中水雨情、气象、旱情、灾情等数据为后续的数据分析、应用等提供数据支撑，为智能决策提供数据服务。

（2）数据汇接。数据接入方面在传统 BI 等系统的建设过程中已经发展得较为成熟，但存在视频流需要单独处理、新一代物联网协议支持度不佳等问题。智能决策支持技术架构通过增加统一接入层，把各种类型的协议、接入方式统一在一个平台上处理；使用 Kafka 中间件解决高吞吐量条件下可靠的消息订阅/发布问题，采用消息队列遥测传输解决物联网设备接入问题；OPC 和 Modbus 协议用于连接传统的工业自动化系统或设备，使用开源工具 Sqoop 或自定义 ETL 组件抽取传统关系型数据库和文本类型的数据。数据汇接过来后，保存在统一的 Hadoop 分布式文件系统（HDFS）中。基于性能方面的考虑，可按高价值密度结构化数据、结构化数据、半结构化数据和非结构化数据来分区保存。

（3）分析平台。为了承载多种数据分析组件和方法，通过增加基于 Docker 层，可以在统一的基础计算平台上同时运行大量异构分析业务应用。对于高密度价值的结构化数据，可使用大规模并行处理类型的数据分析工具来进行处理，如 Greenplum 或 Teradata，这样可以有效解决自助分析过程中的响应时间问题；对于海量的结构化和半结构化数据，采用基于 Hadoop 框架的上层组件 Impala 或 Hive 进行分析；对于无界的非结构化数据或测控数据，采用实时流计算工具 Spark Streaming 或 Storm 来处理，可以提供不间断的事件触发机制和滑动窗口数据分析功能。上述不同的组件和工具可以提供完整地处理异构数据、快速构建面向主题的数据仓库、高效分析数据间关联关系和准确描述数据相关性等功能，并且支持去中心化协议，选出主节点以后，再结合中心化副本控制协议完成系统整体的分布式节点管理。

（4）数据应用。架构使用常见的数据显示屏、报表系统、自助分析、多维展现和监控预警等数据应用，同时支持在线的自助分析功能，可以快速提取数据、快速构建查询和生成图表，过程中无须软件开发人员编写代码，就能将数据信息进行可视化展示，提高了开发人员的开发效率，将信息直观地展示出来，决策者能够直观地获取关键信息。

（5）决策支持统一管理平台。智能决策支持架构的整体管理由统一的管理平台完成。其中统一数据描述管理用于解决异构数据源对业务数据描述不一致的问题，授权/审计提供了细粒度的权限管理和事务日志存档功能，可视化集成开发环境用于支持业务模型开发和自助分析，数据清洗提供了鄱阳湖防汛抗旱信息化系统常用的噪声数据过滤功能，作业开发用于编排数据分析事务过程，集群资源管理实现内存、CPU、网络资源和磁盘 I/O 等计算资源的分配和回收功能，任务调度提供业务分析应用的排队、优先级等调度管理功能。

7.3.3　系统功能与实现

鄱阳湖防汛抗旱智能决策支持系统是一个集防汛决策支持系统、抗旱决策支持系统、应急会商决策支持系统为一体的综合平台。鄱阳湖防汛抗旱智能决策支持系统功能框架如图 7.3-2 所示。

7.3.3.1　防汛决策支持系统

防汛决策支持系统以防汛信息化建设为背景，在防汛指挥系统建设的基础上，结合人工智能和决策支持系统等高新技术建设一个高效、可靠、实用的鄱阳湖防汛决策支持系统。通过采集和传输水情、雨情、工情和灾情等信息，并利用人工智能技术对其防汛形势作出分析，对发展趋势作出预测，经过决策支

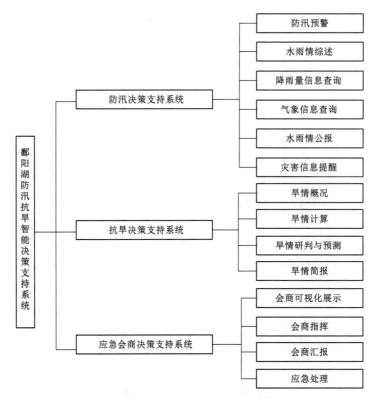

图 7.3 - 2　鄱阳湖防汛抗旱智能决策支持系统功能框架

持系统的模型定量分析计算，确定调度方案，指挥抢险救灾，使洪涝灾害损失减少到最小，实现水利信息感知、采集、传输、汇总、分析、预警及应用的网络化、自动化、智能化和可视化，实时实现水利信息共享，提升水利工程运用和管理的效率和效能，实现为防汛日常工作更加合理有效地提供信息化支持。防汛智能决策支持系统主要功能有防汛预警、水雨情综述、降雨量信息查询、气象信息查询、水雨情公报、灾害信息提醒等。

1. 防汛预警

提供实时降雨、河道水位、水库水位等信息的预警和电话自动拨号功能。基于实时的雨量站、河道站、水库水位站点监测数据，通过相关的雨量、水位预警阈值设定，对超过阈值的站点进行预警，如对 1h 内、3h 内、24h 内各站点的降雨量进行统计，根据时段内降雨的阈值，实现对站点各时段内的降雨进行预警。系统集成语音拨号功能，基于站点所在的县、乡镇，用户可以在系统中对县、乡镇负责人进行拨号，通知相关负责人做好防汛应急准备。

2. 水雨情综述

根据时间段统计和展示鄱阳湖内降雨量、河道水位、水库水位等监测信息，以图、表等方式进行直观展示，形成水雨情简报并提供用户自定义筛选查询、导出下载功能。

3. 降雨量信息查询

提供站点时段雨量、站点逐日雨量、站点累计雨量、面降雨量等信息查询，并以图、表的形式展示，可按行政区划、时间等条件筛选查询、导出下载等功能。

4. 气象信息查询

展示单站雷达图、卫星云图、天气预报、台风路径、雷达图等气象信息，可查看当日、近一周气象等信息。

5. 水雨情公报

根据时间段自动生成鄱阳湖区各站点水雨情公报、降雨对照图等信息，提供相关的自定义筛选查询、导出下载等功能。

6. 灾害信息提醒

提供历史及地质灾害、洪涝灾害等提示信息，并可查看相关危险区具体信息。

7.3.3.2 抗旱决策支持系统

抗旱决策支持系统是基于旱情研判，实现对灌区、旱地农作物、旱情监测和预测，为抗旱决策提供信息技术支持。以鄱阳湖区的灌区、旱地、望天田等耕地为研究对象，收集水稻等主要农作物不同生育期的需水量试验及受旱试验模型研究成果，摸清各灌区水源的现状，收集鄱阳湖相关实时监控数据（水库蓄水、塘坝蓄水、引水工程、提水工程、实时和预测降雨、蒸发、墒情），开展灌区缺水度、旱地缺墒计算模型的率定和优化研究。并对农作物因旱减产进行预判，为旱情研判及抗旱指挥提供有效的决策支持，同时对已有水利工程对农业抗旱方面的效益进行分析。其主要技术路线如下：

（1）以县级行政区为单元收集水稻等主要农作物不同生育期的需水量试验及受旱试验模型研究成果。

（2）建立适应于灌区耕地（灌溉水田、水浇地、菜地、果园）和望天田的缺水度模型。

（3）选择典型区域建立旱地缺墒计算模型，并开展退墒曲线、缺墒模型参数修正、验证和历史数据反演研究。

（4）以鄱阳湖区 200 亩以上灌区、旱地为计算单元，建立灌区与水库、塘坝、水陂、泵站等水源工程的关联关系，灌区与水库的报汛实时数据、河道水位站、面雨量站、蒸发站和行政区域的关联关系。

（5）在上述计算模型和旱情数据库的基础上，研发抗旱决策支持模块，实现鄱阳湖区旱情的实时监测、预测和研判，并自动生成旱情简报。

抗旱决策支持系统主要功能有旱情概况、旱情计算、旱情研判与预测和旱情简报功能。

1. 旱情概况

鄱阳湖区旱情概况信息以图、文、表的形式展示，并提供历史干旱记录查询、旱情统计、未来旱情预测等功能。可按耕地面积、干旱面积、干旱等级等进行查询和统计。

2. 旱情计算

利用监测到的旱情数据，选择典型区域建立旱地缺墒计算模型，开展退墒曲线、缺墒模型参数修正、验证和历史数据反演研究，建立旱情计算模型。

3. 旱情研判与预测

利用历史干旱数据开展灌区缺水度、旱地缺墒计算模型的率定和优化研究。同时计算当前旱情分布和未来旱情发展趋势，并对农作物因旱减产进行预判，实现对灌区和旱地缺水、旱情发展趋势进行相关分析，从而实现对农作物因旱受灾进行预防，为抗旱决策提供支持。

4. 旱情简报

提供旱情简报模版，利用系统旱情计算程序，自动将旱情信息插入旱情模版生成旱情简报。系统采用树形结构菜单形式展示所有历史旱情简报，方便用户根据日期查询相关的旱情简报，并提供旱情简报统计、查询、导出等功能。

7.3.3.3　应急会商决策支持系统

应急会商决策支持系统是一种利用信息技术为防汛抗旱指挥人员提供决策依据的现代化应用系统，该系统涉及多种先进科学技术，包括计算机技术、现代化管理技术、防汛技术、防旱抗旱技术等，能够全方位地对水位变化情况进行分析，为防汛抗旱指挥人员提供决策支持。应急会商决策系统的应用可以将防汛信息分解，分别进行详细分析，并建立相关模型，将分析结果进行演示，使其更直观地表现出来，提高防汛工作效率，保证防汛决策的科学性。其主要功能分为会商可视化展示、会商指挥、会商汇报和应急处理。

1. 会商可视化展示

围绕预警和险情信息，自动关联展示水雨情、工情、隐患、现场视频/图片、气象、国土、险情发生的影响范围及覆盖人口、责任部门及责任人等相关信息以及历史上类似情况的出现情景及处理方式，便于指挥人员快速全面了解现状及发展趋势，从而及时做出正确判断和有效决策。

2. 会商指挥

根据监测的雨情、雨量、水情、工情、气象等数据判断是否开启汛期旱期预警（主要包括暴雨预警、气象监测、河道水位监测等），防汛抗旱指挥人员根据预警信号的不同而判断汛情的具体情况，从而及时做好防汛抗旱部署工作。

3. 会商汇报

提供防汛抗旱会商相关的信息服务，基于信息整合与数据分析，实现基于各部门会商相关信息自动收集与整合，防汛抗旱会商汇报的信息展示、汇报材料和会商分析。对每次会商汇报进行存档，形成电子台账，方便查询。

4. 应急处理

利用信息集成的相关数据，建立科学的计算模型和经验模型，为应急抢险救援和预测分析指挥提供决策辅助。在应急抢险处置过程中，将应急处置中传统的询问人员队伍及物资情况的场景转变为在线的基于地图的集中展现和可视化指挥，结合预案、预定路线、物资储备等基础信息，以及对不同道路承载能力分析、物资分布及受灾人口的分布，采用最优路径计算模型，给出抢险救援的最佳方案，为险情提供应急处置辅助决策支持。图 7.3-3 为应急会商决策支持系统界面。

图 7.3-3   应急会商决策支持系统界面

第 8 章

水旱灾害数值模拟技术

数值模拟是一门用数学模型来模拟某种物理现象并通过计算机用数值计算等方法进行近似求解，借以复演自然演变过程的综合性的模拟技术的总称。水利数值模型是能够模拟水利各类业务的仿真程序集。在水利行业中，数值模型模拟被广泛应用于水旱预测与风险管理、水土保持、水资源配置、水库调度、水利工程建设与管理、水利发展综合规划、水价综合变化、涉水社会资源配置、河口岸线变化、泥沙运动、生态环境变化模拟与预测等，为研究和应用提供可量化的技术支持。数值模拟技术结合信息化技术和可视化技术，使模拟和预测结果更直观，更易于辅助决策者提高决策的科学性和实效性。

8.1　常用水利数值模拟模型

应用于水利的数值模拟模型，包括模拟河道、地下水、洪水传播等的水动力学模型，模拟降雨-径流的水文模型，模拟水质变化的水质模型，模拟陆面水循环过程的陆面模型，模拟大气水热交换的气候模式等。根据应用方向和具体问题的差异，又发展了大量的模型耦合和数据同化等模型，使模型的应用领域进一步扩大、模拟精度进一步提升。

8.1.1　水动力学模型

水动力模型的基本原理是基于描述水流动的基本数学物理方程（如圣维南方程组），利用有限元差分、有限元等方法对方程进行离散化处理，并借助计算机求解流量、水位等近似值的一套方法和理论。常见的有一维、二维、三维水动力模型，在此基础上开展水流运动、河道泥沙冲淤、分蓄洪区与溃坝洪水、物质输运数值模拟等。

8.1.1.1　基本原理

水动力学模型就是采用数学方程来表达水动力学理论中的一些基本定理。

针对水动力学领域中的某些实际的工程问题及理论研究问题，确定其具体的边界条件与初始条件作为求解条件，在对上述的数学方程式进行求解。目前对洪水演进过程等进行数值模拟的水力学方法根据求解问题的不同主要分为一维水动力模型和二维水动力模型。

1. 一维水动力模型

一维河道（河网）的洪水运动用圣维南方程组描述，由基本方程圣维南方程、边界条件和初始条件共同组成一维洪水运动的定解问题。其近似解法大体上可分为两大类：一类是水文学方法，通过求解圣维南方程组，获得各断面的水力要素，典型方法是马斯京根法（Muskingum Method）；另一类是水动力学方法，采用数值方法直接求解圣维南方程组的数值解，按所采用的数值方法分为：有限单元法、有限差分法、有限体积法、特征线法等。

2. 二维水动力模型

二维区域的水流运动十分复杂，如水流四周扩散、河槽洪水蓄满溢流、水体横向水量交换等。这些局部的水流运动性质各不相同，如河槽内水流具有一维性、河槽外水流具有二维性。一般情况下，一维圣维南方程组可以解决河道过流能力和水位升降的变化，而洪水到达时间、洪水淹没范围、淹没水深、淹没历时等，需要做二维洪水模拟计算，采用守恒型式的浅水波方程作为二维洪水运动的控制方程。二维洪水计算模型根据求解途径也可分为水文学方法和水力学方法两大类。水文学方法是以水量平衡方程和槽蓄关系为基础，该类方法求解简单方便，但参数的率定需大量的实测资料，模型适用性差；水力学方法是用数值方法直接求解浅水波方程，该法能给出较为详细的水流信息。常用的算法模型包括了以下几种：蓄量模型、水池模型、扩散模型、显式蛙跳法、考虑通度系数的有限体积法等。

8.1.1.2　常用模型/软件

目前国内外进行洪水水动力学模拟所采用的软件主要有 MIKE、Delft3d、InfoWorks 等。以上软件的特点和主要功能如下。

（1）MIKE 系列软件是由丹麦 DHI 公司研发的，软件的功能涉及范围为降雨→产流→河流→城市→河口→近海→深海，从一维到三维，从水动力到水环境和生态系统等。其中 MIKE11 是用于河口、河流、灌溉系统和其他内陆水域的水文学、水力学、水质和泥沙传输模拟的一维系统，在洪水预报、水量水质管理、水利工程规划设计论证等方面均得到了广泛应用。MIKE21 是专业的二维自由水面流动模拟系统工程软件包，适用于湖泊、河口、海湾和海岸地区的水力及其相关现象的平面二维仿真模拟。MIKE FLOOD 可以模拟一维河网水动力学系统以及二维的洪泛区和沿海区，可以实现一维与二维区域之间自由的水体交换。适用于宏观上的流域控制性工程规模论证分析和流域洪水调度研究以及微观水流模拟等领域。图 8.1-1 为 MIKE 水动力模型结构示意图。

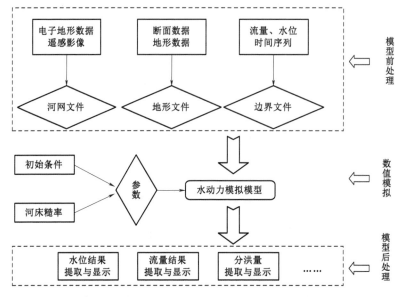

图 8.1-1　MIKE 水动力模型结构示意图（黄河勘测规划设计有限公司，2016）

（2）Delft3d 是由荷兰 Delft 大学研发的用于完全三维水动力-水质研究的模型系统，支持曲面网格的软件，可以进行大尺度的水流、水动力、波浪、泥沙、水质和生态计算。在进行河道洪水验算时，应用该系统中的水流模块，该模块基于有限差分法对方程组进行离散，应用 ADI 法求解，变量布置为交错网格，可用于模拟二维或三维潜水非恒定流，应用该系统时可以考虑大气压力、密度变化、波浪、潮汐、风力和紊流等因素。

（3）InfoWorks 软件是英国 Wallingford 软件公司开发的一款河网水力学模型专业应用软件。该软件通过建立水力学模型，在一体化的仿真环境中实现降雨产流、汇流、恒定和非恒定水动力模拟，进而模拟洪水淹没过程，可以很好地预测、展示洪水淹没范围、淹没水深及流速等水文要素。它集成了先进的 ISIS 仿真引擎、地理分析及关系数据库，在一个统一的环境中，能及时根据不断变化的数据，建立详细准确的流域及河流模型，主要有水动力模型、降雨径流模型等。

8.1.2　水文模型

水文模型是在防洪与水利工程的实际运用和实践中逐渐发展起来的，它早期用于实时洪水与实时水位预报。目前水文模型的作用范围更加广泛，它在防洪减灾、水库调度、生态环境需水、水资源开发利用、道路、城市规划、面源污染评价、人类活动的流域响应等诸多方面起到了不可或缺的重要作用。

8.1.2.1　基本原理

水文模型原理主要是采用一系列数学函数来描述流域产流汇流水文循环过程，模型遵守水量平衡原理。流域水文模型是从系统的角度来模拟降雨径流关系。把流域看成一个系统，降雨过程及水质、泥沙、蒸散发能力作为系统的输入，流域出口段流量过程及实际蒸散发作为系统的输出，这就构成了一个完整的流域水量平衡计算系统。系统的状态就是流域的土壤湿度、河槽与地下水的蓄量、填洼与人类活动截流等。因此，建立降雨径流模型通常分两个步骤：第一步是建立具有物理意义的、合乎逻辑的模型结构，各关键环节以数学式表达；第二步是要用实测降雨径流、蒸发资料率定及调试模型参数。

水文模型中应用到的水文学方法主要包括推理公式法、等流时线法、单位线法、线性水库法和非线性水库法等。

推理公式法在降雨径流面积线性增长过程中，径流系数不变，关注洪峰而不关注流量过程变化，无法真实地反映雨水口流量过程，比较适合计算城市小流域设计洪峰流量。等流时线法是基于相同的汇流时间计算区域汇流面积，所以对于城市地面汇流计算划分相对较难。单位线法则需要有大量的实测资料，而且参数计算相对复杂，因而在资料缺乏的情况下应用起来较为困难。线性水库法参数计算相对简单，不考虑过程的非线性特征。非线性水库法具有物理概念非常明确，计算参数较易率定，计算精度相对较高。综合对比几种方法，非线性水库法和等流时线法参数较易确定，计算结果较为接近，因而应用最为广泛。

8.1.2.2　常用模型

国内外最早建立的水文模型起于 20 世纪 60—70 年代，如斯坦福流域水文模型（SWM）、水箱（Tank）模型、萨克拉门托模型等，但大多数属于集总式模型。集总式模型对流域产汇流机制高度概化，忽略水循环影响因子的异质性和变异性，具有计算参数少、求解速度快的特点，同时受限于模型自身，无法考虑水文变量在空间上的分布，因此无法满足流域洪水预报预警的要求。我国最具代表性的集总式模型是 1997 年赵人俊等开发的基于蓄满产流理论的新安江模型，它在湿润、半湿润地区均有良好的应用效果。图 8.1 - 2 为新安江水文模型结构示意图。

目前，广泛应用的水文模型多为分布式水文模型。分布式水文模型在考虑各种水文循环机制影响因素的空间分布时，把目标研究区域离散为一系列独立的水文计算单元进行计算求解。分布式水文模型在以数字高程模型为基础划分的流域网格单元上建立水文模型，根据遥感、地理信息、土地利用、植被、土壤、地质、水文气象等信息，综合考虑模型的物理参数，并通过参数优化确定所有模型参数。另外，常用的分布式水文模型还有 DHI 在 SHE 模型的基础上研发的 MIKE SHE 分布式水文模型，不但可以模拟流域径流、泥沙、水质等水文要素的变化情况，而且对场次洪水模拟也有较好的适用性，是一种综合性、确定性的分布式水文模型。SWAT 模型是美国农业部根据遥感和地理信息系统提出的一个适应性较强的分布式水文模型。Kirkby 提出的 TOPKAI 模型在集总式和分布式流域水文模型之间起到了一个承上启下的作用，它结构简单、优选参数少、物理概念明确、所需资料较少、易于实现，还能用于无资料流域的产汇流估算，在世界许多地方的小流域应用良好。

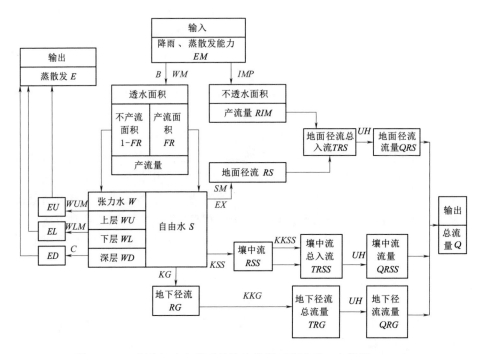

图 8.1-2　新安江水文模型结构示意图（大连理工大学等，1996）

B—流域蓄水容量曲线指数；WM—流域平均张力水容量，mm；IMP—不透水面积占全
流域百分比，%；WLM—流域平均下层蓄水容量，mm；WUM—流域平均上层
张力水容量，mm；C—深层蒸散发扩散系数；SM—流域平均自由水蓄水容量，mm；
EX—自由水蓄水容量—面积分布曲线指数；$KKSS$—壤中流消退系数；
KSS—自由水蓄水库对壤中流的出流系数；KG—自由水对地下水的日流出系数；
KKG—地下水的日消退系数；UH—单位线

8.1.3　水质模型

　　工农业生产的迅速发展、城市化进程的不断加快、人类活动的干预等导致了水体水环境改变。水质模拟和预测是研究水质变化规律的重要途径，也是建

立科学合理的水体污染物排放控制方案的重要理论依据。目前，水质模型广泛
应用于环境污染控制、水质规划管理、水质评价、水质预警预报等领域。

8.1.3.1　基本原理

水质模型是根据物质守恒原理用数学方法对水质组分在循环过程中发生的
物理、化学、生物化学和生态学等方面的相互关系和变化规律的数学模型，是
将一个复杂的河流、湖泊等水体系统转化成一组适当的数学方程进行数学模
拟。水质数学模型反映污染物排放与水体质量的定量关系，是环境污染治理、
环境规划以及决策分析的重要工具。按研究的水体类型，水质数学模型分为：
地表水（河流、湖泊等）水质数学模型、地下水水质数学模型和海水水质数学
模型。

8.1.3.2　常用模型

水质模型既是水环境科学研究的内容之一，又是水环境科学研究的重要工
具。自 1925 年 Streeter 和 Phelps 建立第一个河流水质模型（S－P 模型）以
来，水质模型的发展已有几十年的历史。20 世纪 80 年代中期至今，水质模型
的研究发展已相对完善。目前，广泛应用的水质模型有代表河流模型的
QUUL 系列模型、代表湖泊模型的动态 WASP 模型等。同时，随着信息技术
的迅速发展，水质模拟研究也引入了多种新技术方法，例如：3S 技术、人工
神经网络、模糊数学等。

WASP 模型可以应用于河流、水库、河口及海岸等多种区域。WASP 模
型包含 TOXI 和 EUTRO 两个模块，EUTRO 为富营养化模型，可用于模拟
DO、BOD、COD、有机氮等传统污染物的迁移转化规律。TOXI 为有机化合
物和重金属在水体中迁移转化的动态模型，可用于模拟金属、溶解态和吸附态
化学物质等在河流中的变化情况。WASP 模型可以模拟一维、二维、三维系
统，与其最兼容的水动力模型 DYNHYDS 是一维的，用户也可以自行编写水
动力模型与之连接。

EFDC 模型是由美国国家环保署自主开发，用于模拟湖泊、水库、海湾、
湿地和河口等地表水的数值计算模型。适用于模拟水动力（湖流和温度场）、
溶解态和颗粒态物料的迁移、沉积物的作用、营养化过程以及水生态的不同生
命周期的湖泊生化过程等。模型由水动力学模块、水质模块组成。水质模拟
的原理与 WASP5 类似，在水动力模块提供的物理条件并考虑泥水界面行为
的基础上，模拟多项水污染物的迁移转化。模型允许通过修改参数来激活或
屏蔽一维、平面二维、纵向二维和三维模拟功能。EFDC 模型结构示意图见
图 8.1－3。

最初的 QUAL 模型是 Masch 及其同事和德州水利发展部开发的河流水质
模型 QUAL－1，后经多次改善和增强，目前广泛应用的版本为 QUAL 2K 水

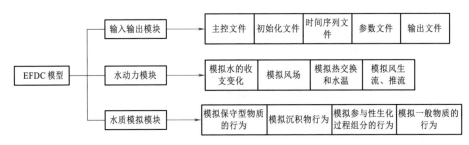

图 8.1-3　EFDC 模型结构示意图（陈异晖，2005）

质模型。QUAL 系列模型可以用来模拟 15 种污染物，可以分析入流污染负荷对受纳水体水质的影响，同时还可以进行非点源污染的研究。该模型既可以用作稳态模型，也可以用作时变的动态模型，且该系列模型还可应用于主流支流并存的均匀河段，是具有多种用途的一维综合河流水质模型。QUAL 模型使用范围的多样性使得它也成为国内外环境部门常用的一种地表水质模型。

8.1.4　陆面模型

随着人类对自然的改造影响不断加大，陆地下垫面也随之发生了变化，造成了陆面过程中某些物理过程和参数的改变。而这些改变影响了局地甚至全球的气候变化，如全球变暖、洪涝干旱等极端气候事件频发，对人类的生产生活造成了巨大的影响。研究陆面过程以及陆气之间的物质能量交换物理过程，能进一步明确地气之间各种过程的描述与计算，改进陆面过程和气候模式，更精确地预报地气之间动量、能量和物质的交换，对于人类科学开发地球资源，提高未来气候变化的预估水平有重要的参考价值。

8.1.4.1　基本原理

陆面过程是影响大气环流和气候变化的各种物理、化学和生物过程的总称。陆面过程研究的主要内容包括陆面的热力过程、水文过程、植被动力过程和生物化学过程，地面下土壤中的热传导和水热输送过程，以及地表与大气之间的能量和物质交换过程等。陆面与大气的能量与物质的交换分别承担了大气系统和地表系统的源汇项。陆面能通过反射短波辐射、地表长波辐射、感热和潜热等过程向大气输送能量，使大气在局地甚至更大的尺度上受到强迫，并且通过潜热等过程参与到陆气水分的重新分配。陆面过程可由水分平衡过程方程描述，由水分平衡过程、植被冠层内的水分平衡过程、土壤介质中的水分平衡方程与大气模型、水文模型、生态水文模型等边界条件共同组成陆面过程的定解问题。

8.1.4.2　常用模型

陆面模型的发展大致分为三个阶段。①简单的参数化方案，通过均一的地表参数及空气动力学输送公式，来对土壤含水量、地表径流、地表蒸发等进行描述，这类模型被称作水桶模型或箱式模型；②考虑了植被对陆面和大气的物质、能量的交换过程，代表模式有生物圈-大气圈传输模式（BATS）、简单生物模型（SiB）等；③引入了生物化学过程的描述，更加准确地描述土壤、植被与大气之间的物质能量和水热交换过程。这类代表性模式有陆表模式（LSM）、大气植被交互模式（AVM）、公用陆面模式（CLM）、通用陆面模式（CoLM）、诺亚陆面模式（Noah-LSM）等。其中，在世界范围内应用广泛且最具代表性的陆面模式有 NCAR-CLM、Noah-LSM 等。

NCAR-CLM 是在 CoLM 和 NCAR-LSM 的基础上由多家科研单位合作发展而来。CLM 系列模式将多个模式的优点和相对完善的过程描述引入统一体系，并对土壤水文过程、冰融过程进行了相应合理的改进，是目前世界上公认的发展最为成熟和完善而且发展潜力最大的陆面过程模型之一。

WRF-Noah 模型耦合了诺亚陆面模式（Noah-LSM）的中尺度天气研究和预报模型（The Weather Research and Forecasting Model，WRF）（即WRF-Noah）。WRF-Noah 模型对陆面-大气间的物理过程进行了描述，如地表-植被大气间的相互作用、动力过程等。WRF-Noah 模型对于研究区域的操作较灵活，能提供多种物理参数，例如湍流、辐射传输和边界层物理等。因此，可以任意搭配，进而选择最佳的物理参数组合状态。目前国内有关WRF-Noah 模型的研究多集中在青藏高原、西北干旱地区以及沿海地区，并大多集中于气象、热量传输的参数化方案和冻融期土壤水热耦合特征的模拟。

CLSM 陆面模式（Comprehensive Land Surface Mode）是在包含复杂植被参数化方案的陆面模式 BATS、NCAR-LSM 的基础之上，结合SNTHERM、SAST、SWHTM 等模式中关于积雪、土壤过程的参数化方案，发展的一个能够反映积雪变化、干旱/半干旱区地气交换过程，同时又能够描述不同陆面状况地气交换过程的陆面模式。CLSM 详细考虑了地-气系统中的积雪、土壤水热传输、植被及湍流边界层中的各种物理过程，主要包括多层（10 层）土壤、多层（2~5 层）积雪、1 层植被和湍流边界层等四个组成部分，从而构成了一个完整的土壤-积雪-植被-大气相互作用系统。图 8.1-4为 CLSM 模式结构及主要物理过程示意图。

8.1.5　气候模式

气候状况及其变化对人类生活和社会发展的各个方面都具有重大的影响。随着社会的发展、人类的进步，人们对气候信息的需求也越来越迫切。气候模式是研究各种气候的形成原因、各种气候变率的机制，理解各种气候灾害（如干旱、洪涝、酷热、严寒等）的发生机理的重要工具。同时也是预测气候变化

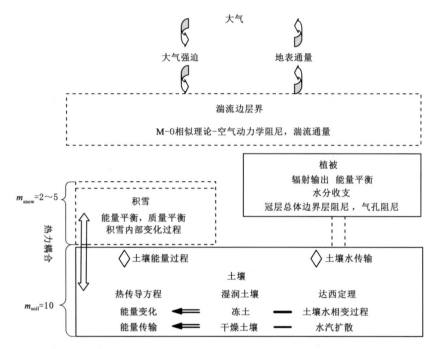

图 8.1-4　CLSM 模式结构及主要物理过程示意图（陈海山，2004）

及其潜力的工具。

8.1.5.1　基本原理

气候模式控制方程主要由水平 x 动量方程、水平 y 动量方程、z 动量方程、气压倾向方程和热力学方程等共同组成，且引入参考大气，遵循大气总质量守恒定律。应用气候模式对大气各变量的研究则可简单理解为对方程组的求解问题。把大气模式方程组中的函数（包括已知的和未知的）在计算区域内用正交函数的有限项级数展开，通过积分运算，得到以展开系数和其对时间微商的常微分方重组，求解这些展开系数值，以达到求解展开原函数的目的。

8.1.5.2　常用模型

气候模式一直都是进行气候模拟和预测未来气候变化的重要工具。目前，世界范围内广泛应用的气候模式主要有 GCM 系列模式、WRF（Weather Research and Forecasting）模式、RegCM 模式等。

对 IPCC 中 40 多个全球环流模式（GCM）进行评估表明，GCM 对全球气候的模拟较好，具有较好的可靠性；对区域气候的模拟在某些季节具有较好的模拟效果，但仍然存在较大的不确定性，这种不确定性在东亚地区尤其突出。GCM 在用于区域气候变化的研究时，分辨率较低，不能完全表现出一些异域性特征；且 GCM 主要反映大的时间尺度，对于逐日和小时的变化较难模拟。

WRF 模式是目前全球应用广泛的中小尺度数值模式之一。其开发目的主要是建立一个能拓展、能移动、便于修护、模块化、可在任意计算机上运行，且具有计算经济性的数值模式。WRF 包括 ARW（the Advanced Research WRF）研究和 NMM（The Nonhydrostatic Mesoscale Model）业务两个动力框架，分别由 NCEP 和 NCAR 维护和管理，该模型适用范围从数十米到数千千米的各种气象应用等。

WRF 模式不但可以应用于气候天气的模拟，而且利用它所包含的模块组，还可以为探讨相关基本物理过程提供理论依据。

区域气候模式 RegCM（Regional Climate Model）作为目前全球应用较广泛的中小尺度数值模式之一，研究人员通过资料同化、敏感性试验、参数化方案等对影响其模拟性能的因素进行了研究，发现其能够较好地模拟中国区域气候时空分布特征。相比 GCM，使用 RegCM 进行土地覆盖变化的敏感性试验，可以更好地捕捉下垫面变化带来的气候变化信息。图 8.1-5 为 RegCM3 模式结构示意图。

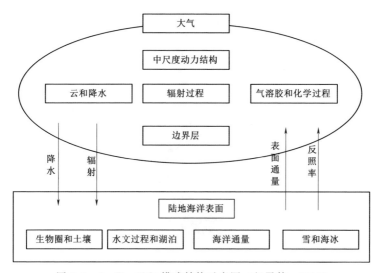

图 8.1-5 RegCM3 模式结构示意图（赵勇等，2017）

8.2 洪水风险分析

8.2.1 防洪保护区洪水风险实时分析

鄱阳湖区是江西省重点防洪区，其受五河（赣江、抚河、信江、饶河、修河）及长江干流的洪水影响巨大，是防洪任务繁重复杂的区域之一。开发鄱阳湖及五河尾闾区域防洪保护区洪水风险实时动态模拟系统，快速、科学地进行洪涝灾害风险模拟与评估，是提高该区域洪涝灾害风险识别和损失评估能力的重要手段。本书以鄱阳湖重点圩堤——赣抚大堤防洪保护区为典型示范区，构建鄱阳湖-五河-防洪保护区洪水实时分析系统。模型综合考虑鄱阳湖五河实时来水、保护区地形地貌变化及各种防洪排涝工程措施的影响，能对赣江/抚河洪水、鄱阳湖洪水与暴雨内涝等不同类型的洪水及其组合在研究区域的生成、发展和演变过程进行模拟。

8.2.1.1　计算范围

整个模型计算范围为鄱阳湖、五河（赣江、抚河、信江、饶河、修河）的整个水域范围及赣抚大堤防洪保护区，将其统一起来构建洪水实时分析扩展范围模型。其中，五河具体构建范围为：赣江峡江水文站以下、抚河李家渡水文站以下、修河永修水文站以下、信江梅港水文站以下、乐安河石镇街水文站以下、昌江荷塘水文站以下、西河石门街水文站以下。五河—湖洪水实时分析模型范围如图 8.2-1 所示。

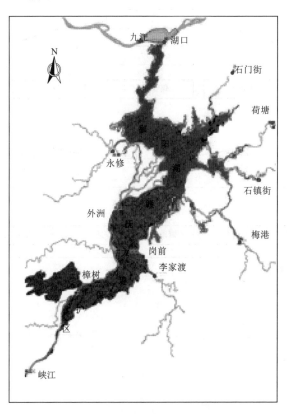

图 8.2-1　"五河—湖"洪水实时分析模型范围

8.2.1.2　数据情况

收集的资料包括鄱阳湖五河水文站实时水位和流量数据、鄱阳湖水下地形数据、保护区基础地理资料、社会经济资料、构筑物及工程调度资料、历史洪涝灾害资料等。鄱阳湖水下地形数据采用 2011 年实测地形数据。保护区基础地理资料和 DEM 数据使用 1：10000 地形图。

8.2.1.3　洪水模拟模型构建

模型基于二维非恒定流水动力学方程，根据地形、地物特点，采用不规则网格技术，利用差分的方法进行数值计算，求出洪水在各运动时刻的流速、流向和水深。另外，对保护区区域内的堤防、公路、涵闸、铁路等，在模型中作为特殊通道，考虑其对水流的影响作用。

1. 网格剖分

洪水模拟模型网格剖分时充分考虑鄱阳湖地形变化，保护区内线状工程地物、面状地物和重要点状水利工程要素。其中，线状工程地物包括主要圩堤和区内的输水渠、主干道路、高速公路、铁路等；面状地物主要包括区内的建筑物以及较大的湖泊水域；点状水利工程考虑保护区内主要桥涵、闸坝、泵站等防洪排涝工程。保护区内网格划分最大面积不超过 $0.09km^2$（约为 $300m\times300m$）。剖分后的网格根据 DEM 数据进行高程赋值。

2. 网格属性赋值

为每个网格赋类型、高程、糙率、面积修正率等属性。

3. 特殊通道处理

对于对洪水演进有影响、但平均宽度均未达到网格平均尺寸的输水渠及小型河流，作为特殊型河道通道进行概化。主干道路、铁路、堤防和桥梁作为阻水通道处理。

4. 防洪排涝工程

模型中考虑的防洪排涝工程包括堤防、闸门和排涝泵站。

8.2.1.4　洪水风险实时分析系统技术结构

系统采用 B/S 结构，使用 MVC 框架模式，基于二维洪水分析模型，结合水文、气象、工程等实时监测数据，研发一套集洪水风险实时分析与计算、洪水演进过程模拟与实时展示、决策信息快速提取等功能为一体的分析系统。将溃口位置与参数、起溃条件、模拟时间、控制站流量或水位输入等条件对用户开放，由用户设置和输入，系统驱动模型完成洪水风险实时分析计算，并将控制站水位过程、溃口流量、断面流量、洪水淹没范围、水深、历时、过程等结果通过图、表的方式展示给用户，实现对洪水演进过程的实时动态模拟，同时将演进过程在二维电子地图上直观显示。

系统以水利专业数据和空间数据为基础，以洪水风险管理、防洪减灾等为目标，整体架构模型在面向服务的架构模型的指导下，采用先进的、基于 SOA 技术路线的多层分布式应用体系架构，在标准规范体系、信息安全体系的基础上进行设计。系统总体分为五层，从下至上分别是：数据层、数据支撑层、服务层、核心业务功能层和用户操作层；系统结构层层支撑，保证各应用系统的可靠运行、资源共享与一体化管理。洪水风险实时分析系统总体结构图见图 8.2-2。

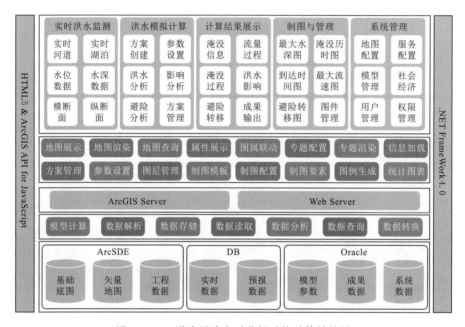

图 8.2-2　洪水风险实时分析系统总体结构图

8.2.1.5　系统功能结构

系统功能结构包括实时洪水监测、洪水模拟计算、计算结果展示、洪水影响分析、避险转移分析、风险制图与管理、系统管理等部分。洪水风险实时分析系统功能结构图如图 8.2-3 所示。

1. 实时洪水监测

实时洪水监测使用接收到的实时水文数据，并按小时为序列，通过模型计算生成实时水位和水深数据，并将实时水深数据图形化到地图上进行查询和展示。实时洪水模拟计算处理逻辑图如图 8.2-4 所示。

2. 洪水模拟计算

洪水模拟计算包括历史洪水模拟计算、设计洪水模拟计算 2 个部分。

允许用户设置历史某段时间的水文和降雨过程或设计洪水过程、溃口参数、模拟计算时间、抢险条件等参数，系统依据参数进行洪水的模拟计算。以历史洪水模拟计算和设计洪水模拟计算为例，功能描述见表 8.2-1。

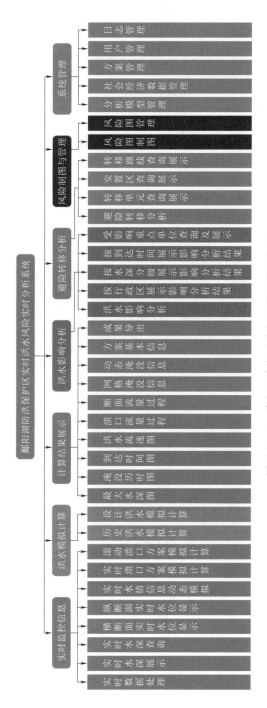

图 8.2 - 3　洪水风险实时分析系统功能结构图

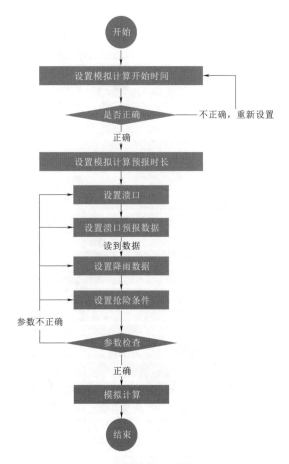

图 8.2-4 实时洪水模拟计算处理逻辑图

表 8.2-1 洪水模拟计算功能描述

功能描述	基于洪水数据进行洪水风险信息模拟计算
输入	溃口位置、溃口宽度、溃口底高程、溃决水位、洪水模拟计算开始时间、洪水模拟计算结束时间、降雨数据、抢险条件等
处理	(1) 在临鄱阳湖、赣江、抚河的堤防任意位置上设置溃口; (2) 设置溃口参数,包括溃口宽度、溃口底高程、溃决水位; (3) 设置模拟开始时间、洪水模拟计算结束时间; (4) 设置降雨数据; (5) 设置抢险条件; (6) 开始模型计算
输出	(1) 通过地图展示洪水模拟计算进度; (2) 洪水淹没信息,包括最大水深、到达时间、淹没历时、洪水流速等; (3) 洪水淹没过程信息,包括每个时刻网格的淹没信息、通道淹没信息等

3. 计算结果展示

系统基于遥感影像和矢量基础地图支持以地图、动画、数据图表和数据表格等形式查询展示每个方案的洪水风险信息。该模块功能包括：最大水深图、淹没历时图、到达时间图、洪水流速图、溃口流量过程、断面流量过程、网格淹没信息、动态淹没信息、方案基本信息和成果导出。

4. 洪水影响分析

洪水影响分析模块的主要功能是进行分析和展示洪水影响信息，洪水影响分析是在洪水风险信息的基础上结合行政区、耕地、居民地、公路、铁路、重点单位和社会经济数据进行分析得到洪水影响信息。洪水影响信息包括：淹没面积、淹没耕地、淹没居民地、受影响人口、受影响 GDP、淹没公路长度、淹没铁路长度、受影响的重要单位等。

5. 避险转移分析

避险转移分析模块的主要功能为避险转移分析和避险转移信息展示，是在洪水风险信息的基础上结合转移安置数据进行分析得到避险转移信息，包括转移单元、安置区、转移路线等信息。

6. 风险制图与管理

风险制图与管理模块的主要功能为风险分析报告生成和风险分析报告管理。风险分析报告采用自动生成方式，对洪水风险分析条件、洪水风险分析结果、洪水影响分析结果和避险转移分析结果进行整合输出。风险分析报告中洪水风险图件包括最大水深图、到达时间图、淹没历时图、洪水流速图和避险转移图；风险分析报告管理包括预览、查询、下载、删除。

7. 系统管理

系统管理是整个系统运行的基础，管理和维护着系统运行的基础参数和数据。系统管理包括分析模型管理、社会经济数据管理、用户管理、日志管理、方案管理等功能。

8.2.1.6 系统功能实现

1. 实时洪水分析计算

实时洪水分析计算主要包括：服务器端的实时测站数据处理、河道实时水深展示、河道实时水位查询、湖泊实时水深展示、湖泊实时水位查询、横断面实时水位显示、实时水位显示、实时水情信息动态展示、实时洪水溃口计算、实时洪水滚动模拟计算等。

（1）服务器端的实时测站数据处理。服务器端的实时测站数据处理将读取实时水文数据，通过模型计算生成实时矢量数据的处理过程。实时水文数据来源于实时水情数据库。实时数据处理在后台静默运行，每小时会自动从实时水情数据库中读取一次数据，并依据读取的数据经过模型计算生成最新的实时矢量数据。

（2）实时水位展示。系统实时洪水分析计算功能在浏览器的客户端实现。系统默认在"实时洪水"的菜单下地图区显示当前五河及鄱阳湖区的水域范围，底部的实时数据显示区为研究区相关的赣江、清丰山溪及抚河的河道纵剖面及最近时间的水面线以及相关水文水位站的实测水位流量数据。实时水位信息有多种展示方式，其中一种展示如图8.2-5所示。

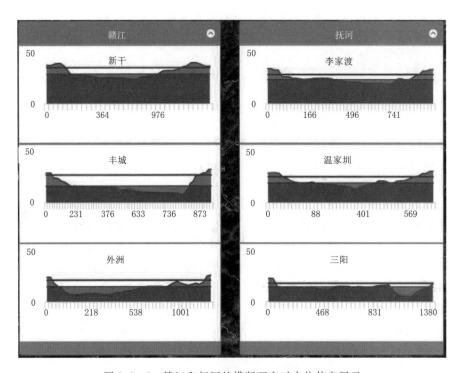

图 8.2-5 赣江和抚河的横断面实时水位信息展示

（3）实时洪水溃口计算。溃口实时计算主要针对实际发生了溃口或可能溃口进行模拟分析，模拟分析时可以同时考虑降雨情况、堤防加高和堤防扒口等防洪抢险措施的实施情况。溃口处的水位预报可由系统通过上下游水文站自动计算，也可通过导入水位/水文站的水位预报结果或从预报库中导入来进行计算。预报降雨可以选择全部或部分雨量站并给定总降雨量和雨型来获得，进行实时溃口洪水的模拟计算分析时能同步显示洪水演进过程。

（4）实时洪水滚动模拟计算。一般实时洪水如果发生溃口，进洪时间比较长，有的几天、十几天，还有的甚至几十天，利用洪水模拟模型进行一次性模拟计算是不现实的，系统考虑了一个洪水滚动模拟计算的功能，通过设定滚动计算的开始时间（一般当前溃口发生的时间）、结束时间（溃口进洪一直可能持续到的时间）以及滚动计算时刻，并设定相关的溃口、降雨的条件、滚动期间堤防加高、堤防扒口等抢险措施，点击"开始滚动计算"可以实现连续滚动的洪水演进模拟计算（见图8.2－6）。在滚动期间内每天按滚动计算的时刻模拟计算一次洪水演进情况，每次滚动计算都是在前一天计算结果的基础上连续进行计算，并且在滚动计算期间内可以动态考虑添加溃口、降雨条件、堤防加高、堤防扒口等抢险措施。

图8.2－6　洪水滚动模拟计算
同步显示洪水演进过程

2. 历史与设计洪水分析计算

历史与设计洪水分析计算功能实现对历史上的某一场洪水或防洪工程建设时考虑的某一设计标准下的洪水模拟计算分析。

通过设定计算的开始时间、结束时间，上下游边界（数据库中读取历史洪水的模拟计算相关输入信息），根据实际情况可以考虑溃口、降雨、堤防加高、堤防扒口等抢险条件进行模拟分析。降雨数据直接从数据库中读取历史降雨信息。设计洪水的模拟计算分析，通过设定洪水计算频率、计算的开始时间和结束时间，上下游边界（外部设计好的洪水过程导入数据），选择设置溃口、降雨、堤防加高、堤防扒口等抢险条件进行模拟分析。历史洪水模拟与设计洪水模拟参数设置界面见图8.2－7。

3. 洪水计算结果分析展示

对于洪水模拟计算结果，提供计算结果的分析展示功能，主要包括最大水深、淹没历时、洪水到达时间、最大流速分布等。通过点击淹没区可以展示网格的洪水分析结果，如图8.2－8所示。此外，还可查询任意过流通道的流量过程信息和洪水动态演进过程。

4. 洪水影响分析

洪水影响分析实现对每个洪水模拟计算结果的洪水影响评估分析，主要包括按行政区展示影响分析结果、按水深分级展示影响分析结果、按到达时间展示影响分析结果和受影响重点单位查询及展示等。

图 8.2－7 历史洪水模拟与设计洪水模拟参数设置界面

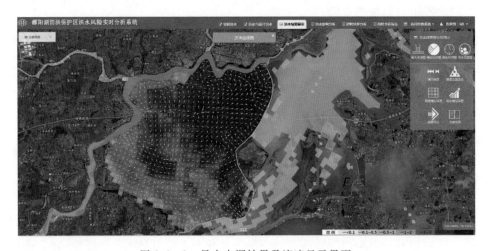

图 8.2－8 最大水深结果及流速显示界面

5. 避险转移分析

避险转移分析实现对每个洪水模拟计算结果的避险转移信息分析,主要包括转移单元信息、转移路线信息、安置区信息等。

6. 洪水风险分析报告

系统提供洪水风险分析报告的自动生成功能以及对风险分析报告的管理功能。风险分析报告是以报告方式对洪水风险分析条件、洪水风险分析结果、洪水影响分析结果和避险转移分析结果进行整合输出。

风险分析报告中洪水风险图包括：最大水深图、到达时间图、淹没历时图、洪水流速图和避险转移图。通过"风险分析报告制作设置"界面实现不同风险图类型的风险分析报告，自动生成洪水风险分析报告。

8.2.2　鄱阳湖国家湿地公园洪水影响分析

鄱阳湖国家湿地公园地处鄱阳湖东岸，是目前国内规划面积最大的湿地公园，位于鄱阳湖生态经济区的核心区。湿地公园内的珠湖蓄滞洪区是国家级蓄滞洪区，在长江流域发挥着重要的调蓄洪水的功能，对长江防洪具有十分重要的意义。在保障蓄滞洪区防洪功能、维护湿地生态环境健康的前提下，如何科学合理地开发湿地旅游资源，是湿地公园建设需要解决的重要问题。

鄱阳湖国家湿地公园包括"一城七区""十大工程"。"一城七区"为：鄱阳湖文化水城，汉池湖水禽栖息地保护与保育区、角丰圩湿地恢复与重建区、珠湖水源湿地保护保育区、白沙洲自然湿地展示区、青山湖人工湿地利用示范区、东湖城市湿地休闲区和管理服务区；"十大工程"分别为：鄱阳湖文化水城建设工程、水禽栖息地保护与保育工程、湿地恢复与重建工程、珠湖水源地保护保育工程、湿地综合利用示范工程、湿地生态旅游发展工程、湿地科研监测与宣教工程、环境保护工程、社区共建共管工程和基础建设工程，大部分位于珠湖蓄滞洪区内。

本节利用 InfoWorks 洪水分析软件构建珠湖蓄滞洪区二维水动力学模型，模拟了珠湖蓄滞洪区分洪和 1998 年鄱阳湖水位两种工况下，鄱阳湖湿地公园旅游开发项目的水深、流速、洪水到达时间、淹没历时等要素，研究洪水对湿地公园的影响，其成果可为保护、管理和合理利用湖泊型湿地资源提供依据。

珠湖蓄滞洪区与鄱阳湖国家湿地公园规划示意图如图 8.2-9

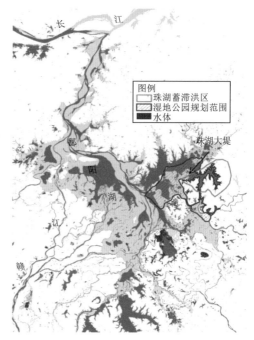

图 8.2-9　珠湖蓄滞洪区与鄱阳湖国家湿地公园规划示意图

135

所示。

8.2.2.1　洪水分析方案

本节洪水影响分析选用 Infoworks 软件的二维模型进行洪水演进计算，得到各工况下洪水淹没范围、最大淹没水深、流速和洪水到达时间等要素，分析洪水对鄱阳湖国家湿地公园建设项目的影响。

鄱阳湖湿地公园建设项目珠湖水源地湿地保护保育区与鄱阳湖由珠湖大堤分隔，鄱阳湖分洪和堤防溃决是其洪水的来源。当鄱阳湖水位处于中、高水位时，汉池湖水禽栖息保护地保护与保育区、白沙洲自然湿地展示区、青山湖人工湿地利用示范区西半部分、角丰圩湿地恢复与重建区等部分区域大部分或全部将被淹没。湿地公园可能的洪水来源主要有：鄱阳湖高水位洪水、饶河洪水，主要考虑鄱阳湖洪水。

以鄱阳湖湖口水位 20.61m（黄海高程）及鄱阳湖历年最高水位（1998年，湖口水位 22.59m）两种条件设计分洪计算方案为：

方案 1：鄱阳湖湖口稳定水位 20.61m，分洪时机为设定的鄱阳湖水位20.61m 水位开始，分洪口门主动瞬溃分洪，口门宽 180m，底高程 15.06m，无区间降雨，珠湖初始水位采用多年平均水位 15.06m，模型计算蓄满珠湖所需时间为 16 天，因此该方案模拟时间为 16 天。

方案 2：鄱阳湖湖口 1998 年实际水位过程（见图 8.2-10），珠湖初始水位采用多年平均水位，分洪时机按 1998 年实际水位过程，当水位达到最高水位（22.59m）时开始分洪，分洪方式同上，无区间降雨，蓄满所需时间为 27天，因此模拟时间为 27 天。

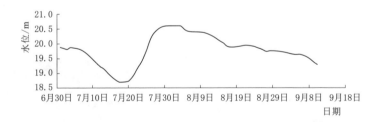

图 8.2-10　1998 年湖口水位（黄海高程）过程（江西省水文局提供）

8.2.2.2　二维模型构建

软件选用 Infoworks，通过建立二维模型模拟洪水演进过程，在预先设置不同的水文和边界控制条件下，计算出不同工况下洪水淹没范围、最大淹没水深、流速和洪水到达时间等信息。

珠湖蓄滞洪区以珠湖大堤与鄱阳湖相隔，根据区域 DEM，珠湖蓄滞洪区洪水影响计算范围西北部以堤顶公路 X700 为界，其余山地则以山脊线为界，

以研究区 1：10000 地形图数据和
DEM 地形数据为基础，勾绘珠湖蓄
滞洪区洪水范围为：面积约为
253km^2，如图 8.2－11 所示。该蓄
滞洪区内部约 1/4 面积为珠湖，无
较大河流，内部河道均为未命名小
河，计算时不予考虑。

　　采用非结构不规则网格对珠湖
蓄滞洪区计算区域进行网格划分，
网格设计成大小不等的三角形，使
网格的大小随地形地势和阻水建筑
物的分布灵活确定，而且尽可能地

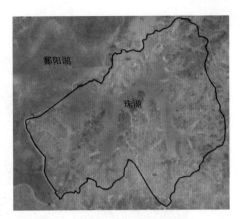

图 8.2－11　模型构建范围

将影响水流的阻水建筑物作为网格边界，充分反映计算域的特征。但是，必要
的时候对蓄滞洪区内的一些典型的线性阻水建筑物，如堤防、公路等以及水域
面，如珠湖等，进行合理概化，并对网格适当加密，在二维地形中充分反映其
特征。对于不规则三角形网格，最大网格面积不超过 0.01km^2，重要地区、地
形变化较大部分的计算网格适当加密。

　　网格划分时以计算域外边界、区域堤防、阻水建筑物、主要公路作为依
据，采用无结构不规则网格。本书所述网格外边界为范围界、堤防、阻水建筑
物、主要公路，采用 2D 区间概化二维模拟区域，2D 区间以面状对象概化，
每个 2D 区间的最大网格面积为 0.01km^2，最小网格面积为 0.002km^2，网格
多边形控制最大三角形面积为 0.005km^2，共生成计算网格 51424 个，最大面
积 0.01km^2，最小面积 0.002km^2。湖面细化后最大三角形面积为 0.005km^2。
对于蓄滞洪区内挡水建筑物和湖面进行概化处理，共概化道路 32 条 342 段，
道路高程采用实测值。根据《鄱阳县珠湖蓄滞洪区运用预案》，将珠湖多年平
均水位 15.06m 设置为珠湖初始水位，确定珠湖面积 64.61km^2。珠湖蓄滞洪
区计算网格见图 8.2－12。

　　根据下垫面信息确定不同区域的糙率值，下垫面共分水面、居民地、
城市绿地、稻田、高草地、旱地、荒草地、林地、绿地 9 类。由于缺乏实
测资料，根据项目区地形、地貌的实际情况，结合以往规划设计资料和经
验值分析确定珠湖蓄滞洪区二维洪泛区糙率取值。二维洪泛区的糙率值，
见表 8.2－2。

8.2.2.3　模型验证及合理性

　　珠湖蓄滞洪区历史上未曾使用过，模型验证选用《鄱阳县珠湖蓄滞洪区运用
预案》中的风险图成果。通过对淹没地点位置对比，两者的受淹范围几乎一致。

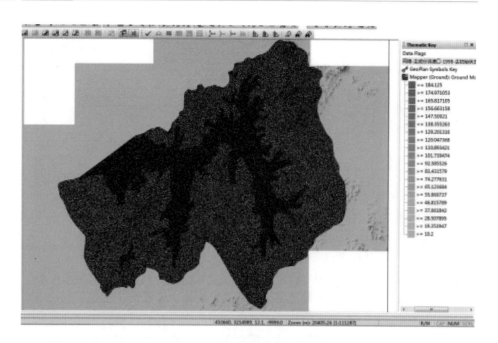

图 8.2 - 12　珠湖蓄滞洪区计算网格

表 8.2 - 2　　　　　　　　　　网 格 糙 率 取 值 表

土地利用类型	糙率	备　　注
村庄	0.07	居民地
树丛	0.065	幼林、竹林、疏林、成林、灌木林
旱田	0.06	旱地、城市绿地、园地、草地、苗圃、荒草地、高草地、半荒草地、迹地
水田	0.05	稻田

　　珠湖蓄滞洪区洪水计算方案水量平衡分析结果见表 8.2 - 3。结果表明，各方案总水量相对误差最大为 7.16×10^{-3}，误差可忽略不计。

表 8.2 - 3　　　珠湖蓄滞洪区洪水计算方案水量平衡分析结果

序号	方案	入流量 /亿 m^3	模型计算区内进洪水量 /亿 m^3	出流量 /亿 m^3	相对误差
1	方案 1	29.14	17.65	11.3	6.52×10^{-3}
2	方案 2	30.73	20.85	9.66	7.16×10^{-3}

8.2.2.4　洪水分析结果

　　珠湖水源湿地保护保育区建设项目（见图 8.2－13）受珠湖大堤保护。当鄱阳湖到达珠湖蓄滞洪区启用条件，湖口取 20.61m 控制水位（1998 年实况洪水位），珠湖大堤上的分洪口门爆破扒口分洪，不考虑区间降雨的情况下，通过二维水动力模型对珠湖蓄滞洪区进行洪水影响分析。

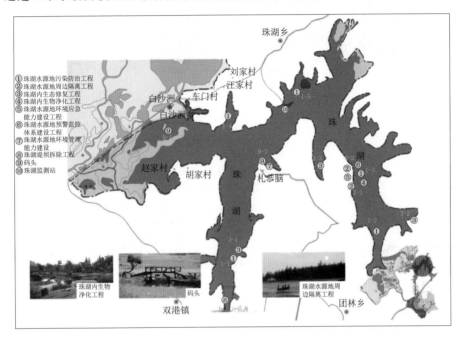

图 8.2－13　珠湖水源湿地保护保育区建设项目分布图
（来源于《江西鄱阳湖国家湿地公园总体规划（2008—2015)》）

　　计算方案详见 8.2.2.1。

　　淹没水深情况如图 8.2－14 所示，蓄滞洪区内的淹没面积分别为 82.56km²、81.23km²。上述两种洪水工况下，分洪口门最大流量分别为 6917.43m³/s、6911.01m³/s。湿地保护保育区的淹没历时、到达时间、最大淹没水深、洪水流速详见表 8.2－4。

　　1. 淹没水深分析

　　从表 8.2－4 可见，鄱阳湖水位 20.61m（方案 1）稳定水位情况下，仅有位于珠湖南部的码头（表中编号 9－2）和珠湖北部湖中岛上的监测站不受洪水影响。其余建设项目洪水淹没深超过 2.50m，最高达 8.36m（鄱阳湖北部的水源地污染防治工程，编号 1－5）。珠湖水源地污染防治工程 5 个建设地点淹没水深均超过 7m。周边隔离工程 2 个建设区淹没水深分别为 3.47m 和 6.27m，

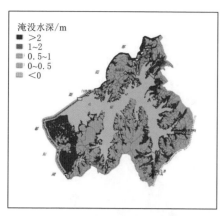

（a）淹没水深图（方案1）

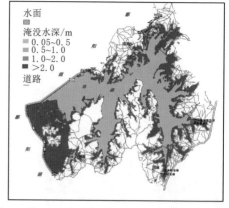

（b）淹没水深图（方案2）

图 8.2-14　淹没水深图

表 8.2-4 　　　　　　　　　　　　　洪水风险信息统计表

类　　型	编号	方案1				方案2			
		淹没历时/h	到达时间/h	最大淹没水深/m	洪水流速/(m/s)	淹没历时/h	到达时间/h	最大淹没水深/m	洪水流速/(m/s)
珠湖水源地污染防治工程	1-1	74.10	3.93	7.46	0.25	67.10	3.92	7.30	0.25
	1-2	64.28	7.77	8.28	0.69	59.90	7.75	8.10	0.69
	1-3	67.85	5.86	8.24	0.90	63.50	5.84	8.10	0.90
	1-4	75.51	1.72	7.65	0.82	71.20	1.72	7.50	0.82
	1-5	72.67	3.28	8.36	0.59	68.30	3.28	8.20	0.60
水源地周边隔离工程	2-1	60.42	9.60	6.27	0.21	56.00	9.60	6.10	0.21
	2-2	46.17	16.74	3.47	0.03	41.70	16.75	3.30	0.03
珠湖内生态修复工程	3-1	75.33	3.34	8.26	0.82	68.20	3.34	8.10	0.83
	3-2	38.64	20.65	2.62	0.03	34.10	20.66	2.40	0.03
	3-3	69.57	4.92	8.13	0.51	65.30	4.91	8.00	0.51
生物净化工程	4	66.94	6.36	8.27	0.94	62.50	6.34	8.10	0.94
水源地环境应急能力建设工程	5	56.97	11.32	5.24	0.06	52.50	11.32	5.10	0.06
水源地预警监控体系建设工程	6	68.50	5.54	8.17	0.950	64.10	5.53	8.00	0.95
水源地环境管理能力建设工程	7	56.16	11.46	4.39	0.02	51.80	11.47	4.20	0.03

类　型	编号	方案 1				方案 2			
		淹没历时/h	到达时间/h	最大淹没水深/m	洪水流速/(m/s)	淹没历时/h	到达时间/h	最大淹没水深/m	洪水流速/(m/s)
堤坝拆除工程	8	72.80	4.54	7.47	0.73	66.00	4.54	7.30	0.74
码头	9-1	78.27	2.12	6.21	0.16	70.20	2.12	6.00	0.22
	9-2	0	0	0	0	0	0	0	0
珠湖监测站	10	0	0	0	0	0	0	0	0

珠湖内生态修复工程三个建设区最大淹没水深 8.26m，最浅处 2.62m。生物净化工程淹没水深 8.27m。水源地环境应急能力建设工程、水源地预警监控体系建设工程、水源地环境管理能力建设工程、码头（编号 9-1）的淹没水深分别为 5.24m、8.17m、4.39m 和 6.21m。

方案 2 的最大淹没水深较方案 1 浅 0.15~0.25m。

2．流速分析

对于方案 1，洪水流速最小为 0.02m/s，最大为 0.95m/s。水源地预警监控体系建设工程、生物净化工程、珠湖水源地污染防治工程（1-3）处的流速较大。

对于方案 2，各建设项目所在区最大流速与方案 1 基本相同。

3．洪水到达时间和淹没历时

从表 8.2-4 可见，两种方案洪水到达各建设项目所在地的时间为 1~21h不等，但均在 1 日内。两方案洪水淹没历时为 1~3.5d。

基于 Infoworks 的二维洪水演进模型可用于珠湖蓄滞洪区洪水演进分析，珠湖蓄滞洪区启用时，珠湖水源湿地保护保育区的大部分建设项目将被淹没，且淹没水深均较大，故项目设计时，应充分考虑选址问题及破坏后可能造成的损失。洪水淹没范围、淹没水深、洪水流速等要素分析结果为公园开发选址、材料、结构、形式等方面都进行最优化设计提供参考。

8.3　旱情研判

鄱阳湖区主要种植作物为水稻，和北方旱地作物农业干旱研判相比存在较大差异。湖区水田分块严重，水系纵横交错，水稻种植区往往灌溉条件复杂，难以实现供水和用水量的监测。部分水稻种植区水源呈"长藤结瓜"式分布，水稻水面覆盖层较厚，通过借助单一的卫星遥感或土壤墒情、水文气象信息等手段难以快速、准确地对区域尺度甚至田块尺度作物旱情及发展趋势作出研判和预测。针对农业干旱监测与预测，目前不同的部门或行业探索和发展了多种旱情研判模型，然而由于区域地形、气候水文条件迥异，不同的模型均存在适用区域局限性，模型的通用性受到限制。使用江西省水利科学院开发的农业旱情研判模型和实时分析系统开展鄱阳湖区农业干旱监测预测，分别针对旱地和水田采用不同的分析模型，取得了较好的效果。

8.3.1 模型构建区域

干旱常常成片区域发生，本书所用新安江模型以流域为单元，由于鄱阳湖区主要来水为"五河"，且水库调度以及渠系、取水口等水利工程均对湖区干旱有影响，因此模型构建区域为江西全省。

8.3.2 数据准备

(1) 1:250000 耕地种植结构数据，划分为水田（灌溉水田、望天田等）、水浇地（菜地、果园等）、旱地。

(2) 水库分布数据及水库水位—库容曲线；全省水系分布图。

(3) 不同水源工程的万亩以上典型灌区范围及历史干旱数据；以 200 亩以上灌区、旱地为计算单元，进行资料整理和地理信息标绘。

(4) 历史和实时水位、降雨、蒸散发等水文、气象数据。

(5) 全国第一次水利普查成果，建立灌区与水库、塘坝、水陂、泵站等水源工程的关联关系，灌区与水库的报汛实时数据、河道水位站、面雨量站、蒸发站和行政区域的关联关系。

(6) 主要农作物物候及不同生育期的需水耗水规律数据。

(7) 灌溉渠道、取水口、泵站、万亩以上灌区抗旱机井建设情况，位置及属性信息。

8.3.3 基于土壤墒情的农业旱情预测模型

基于土壤墒情的农业旱情预测主要针对旱地农业干旱监测。利用实时监测的墒情数据可实现对旱地干旱分布和旱情等级的实时监测。实现旱情预测常常需要借助水文模型，如新安江三水源模型。该模型根据少量的水文、气象等实时数据和预测资料，重建和预测区域水文过程，以达到农业干旱预测的目的，该模型对于未来时段降雨和不降雨情况均适用。

8.3.3.1 模型原理

新安江三水源模型认为湿润地区主要产流方式为蓄满产流，所提出的流域蓄水容量曲线是模型的核心。可概化为蓄满产流、流域蒸散发、水源划分、汇流几大部分。

新安江模型是分散性模型，把全流域按泰森多边形法分块，每一块为一个单元流域。对每一个流域作产汇流计算，得出流域出口流量过程。再进行出口以下的河道洪水演算，求得流域出口的流量过程。把每个单元流域的出流过程相加，求出流域出口的总出流过程。

1. 蓄满产流

蓄满是指包气带的土壤含水量达到田间持水量。满的标准是田间持水量，不是饱和。蓄满产流是指在土壤含水量达蓄满（即达田间持水量）以前不产流，降雨量全部补充土壤含水量；而在土壤含水量达蓄满以后，所有的降雨（减去同期的蒸散发）都产生径流。由于这时土壤的下渗能力为稳定入渗，所以按稳定入渗下渗的部分成为地下径流，超渗的部分成为地面径流。

蓄满产流模型的关键是土壤缺水量分布不均匀的问题。为此，新安江模型考虑的是用蓄水容量曲线来考虑土壤缺水量不均匀的问题。

2. 流域蒸散发

蒸散发在水量平衡中是很重要的一个项目。在湿润地区，蒸散发占年雨量的近一半；在干旱地区，则要占到90%，特别是在无雨期，蒸散发会消耗土壤中的水分，影响降雨产生的净流量。然而流域蒸散发难以直接获得，需要用间接计算的方法来推求或用简化的蒸散发模型模拟。

3. 水源划分

将显著不同特征的水源成分概化为地表径流、壤中流和地下径流。

4. 汇流

分别计算坡面汇流和河道汇流。

8.3.3.2 模型参数

1. 蒸散发量计算

本书所述新安江模型中采用三层蒸散发模型对蒸散发量进行概化。

2. 土壤区域的划分

根据旱地土壤耕层质地，将区域土壤划分为砂土、砂壤土、轻壤土、中壤土、重壤土和黏土等几种类型。

3. 参数的优选

本书所述采用 Rosenbroke 法来进行参数的优选，优化参数，并以实际的降水、蒸发资料作为模型输入，计算其含水量过程。

用当前土壤墒情实测值为初始值输入，借助新安江三水源模型对预测时段旱地土壤的含水量变化进行模拟计算，预测各分区旱地土壤农业旱情，技术路线如图 8.3-1 所示。

8.3.4 基于缺水度模型的农业旱情预测

对于水田和水浇地的旱情监测与预测，本节采用缺水度模型。

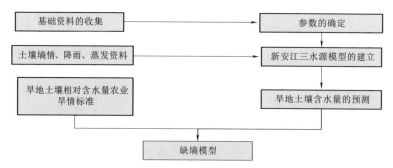

图 8.3-1　基于新安江三水源模型的农业旱情预测技术路线图

8.3.4.1　模型构建

利用缺水度模型可进行实时干旱监测,也可结合未来时段降雨预测值、作物物候和需水量等信息,模拟农业干旱发展趋势,其主要运用于水田和水浇地两种耕地旱情的监测预测。

缺水率用作监测农业旱情,需依据气象预报未来时段的降雨量结合实时计算的蓄水工程水量,以及引水工程、提水工程等工程现状,计算区域可供农业用水量,可供灌溉水量包括田间初期含水量、计算时段内水源工程可供水量。其中水源工程可供水量是指各水源工程中用于农业灌溉部分的水量,包含蓄水工程可供水量、引水工程可供水量、提水工程可供水量及地下水源工程可供水量,还需考虑由于降水变化对可供水量的影响。同时,需要根据作物类型、种植结构和面积,计算区域需水量,以此判断缺水率,根据缺水率判断干旱等级。本节构建的缺水度模型原理框架如图 8.3-2 所示。

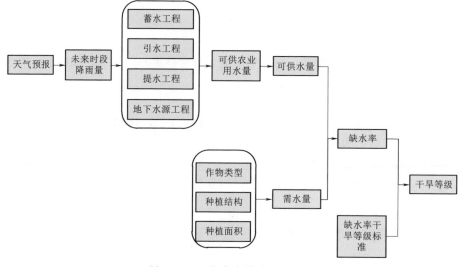

图 8.3-2　缺水度模型原理框架

8.3.4.2 模型参量计算和概化

构建缺水度模型需确定的参量有作物可供水量、田间初期含水量、需水量等，其中，在运用缺水度模型预测农业旱情时，当前田间储水量对预测干旱结果有较大的影响。上述参量涉及因素较多，如需较精确地计算需要获得精确的水文、水利工程等数据，但是精确的数据难以获得，部分参数甚至难以精确计算，因此，考虑对参数进行概化，以可获取的数据为基础确定计算方法。

1. 作物需水量

分别针对水田和水浇地两种作物类型计算区域作物需水量，其中水田主要种植水稻，水浇地则主要种植蔬菜、花生、西瓜等。结合生产实践经验获得水田、水浇地不同耕地类型对应作物在不同时间段的日平均需水量，按作物比重计算作物需水量。区域作物需水量按式（8.3-1）进行概化：

$$W_r = (A\eta_{水田} W_{r水田} + A\eta_{水浇地} W_{r水浇地})N \qquad (8.3-1)$$

式中：A 为计算单元耕地面积，亩；N 为计算时段天数，d；$\eta_{水田}$、$\eta_{水浇地}$ 分别为计算单元中水田、水浇地面积所占的比例，%；$W_{r水田}$、$W_{r水浇地}$ 分别为水田、水浇地对应作物单位面积的实际日需水量，m^3/亩。

2. 可供农业用水量

可供农业用水来源主要指蓄水工程（水库）、引水工程、提水工程（泵站）、地下水源工程中能直接为灌区作物吸收的水量。模型计算可供水量时，从水源工程总可用水量中扣除不用于农业灌溉的水量以及由于输水损失和田间水利用损失造成的水量损失量。模型以综合水利用系数对各类水源总水量分别计算农业可供水量。

（1）水源工程可供水量。模型考虑的水源工程为水库，对于有水位监测的大中型水库、小（1）型水库，根据实时水位监测值和水库库容曲线计算实时库容值反映可用水量，对于未设置水位监测的小（2）型水库及山塘，按库容级别进行分类推算实时库容。

（2）引水工程可供水量的确定。对于引水口有水位监测站点或灌区渠首有流量监测的计算单元可根据监测的流量或水位推算引水工程可供水量。因研究区水库山塘较多，且有较多小河主要水源来自附近水库山塘等，河道水位的涨落和水库的实时库容率有着同步变化的趋势，基于该假设，对无任何监测点的计算单元，根据灌区规划表中的引水工程有效灌溉面积进行折算农业可供水量。将灌溉规划表中引水工程对应的灌溉面积换算成流量，再根据灌区对应水库库容率进行折算。

（3）提水工程及地下水源工程可供水量的确定。提水工程可供水量根据泵站取水口高程和取水点水位高程综合确定，计算过程中需参考计算单元的经验水位高程数据。地下水源工程可供水量主要考虑计算单位地下水位监测情况及是否建有抗旱机井等地下取水设施，根据以上因素综合确定。此外，通过万亩以上灌区调查已经获取全省大中型灌区抗旱机井建设情况。

3. 降水对蓄水工程可供水量的影响

降雨对计算单元可供水量有显著的影响，其直接影响着水库库容的大小和河道水位的涨落。考虑降雨对蓄水工程可供水源的影响，将降雨转化为有效降雨量。

4. 蒸发对蓄水工程可供水量的影响

由于短历时的蒸散发对于水库、山塘来水而言非常微小，对供水量计算的影响甚微，为简化计算，模型仅考虑蒸发对水库山塘蓄水量的影响。由于蒸发受多种气象因素影响，较难推测未来时段蒸发量，故此处采用历史多年同期平均蒸发量，采用的是水面蒸发数据。因蒸发而使蓄水工程减少的水量可用水库的水面面积与蒸发量的乘积求得。

5. 田间初期含水量

水稻田间初期含水量的大小对于灌区旱情的预测有着重要的影响，确定田间初期含水量即确定田间初期水层的深度。因同一个区域内水系相互连通，水库水位、河道水位和灌区田间水层深度应该涨落一致，变化趋势一致。可根据全县水库库容率的大小和各个生育阶段淹灌水层深度的大小，以及实地调查的水层深度和水库库容率的经验关系等确定田间初期水层深度。

8.3.4.3　模型率定验证方案

旱情计算模型率定主要通过历史干旱信息和旱情移动巡查系统拍摄上传的干旱信息对模型进行率定。

8.3.5　旱情研判决策支持系统

8.3.5.1　系统技术流程

整个系统技术流程可划分为三大块（见图 8.3 - 3），分别为：农业旱情综合数据库构建及数据入库、旱情模型构建与率定优化、实时旱情研判计算机集成。

（1）农业旱情综合数据库构建及数据入库，将降雨、土壤墒情、工程蓄水量、蒸发量、农作物种植结构、耗水规律等历史和实时动态数据录入和接入数据库，同时，将县级行政区划、耕地、灌区、蓄引提工程、灌区工程、土地利用类型（耕地）存入空间数据库。其中，耕地按水田（灌溉水田、望天田等）、水浇地（菜地、果园等）、旱地等进行分类并以县级行政区为单元进行划分。

（2）根据上述缺水率模型、新安江模型构建旱情计算模型，使用万亩以上灌区调查的历史干旱和县级抗旱工作人员拍摄传输的旱情信息，对模型进行优化、修正和验证。

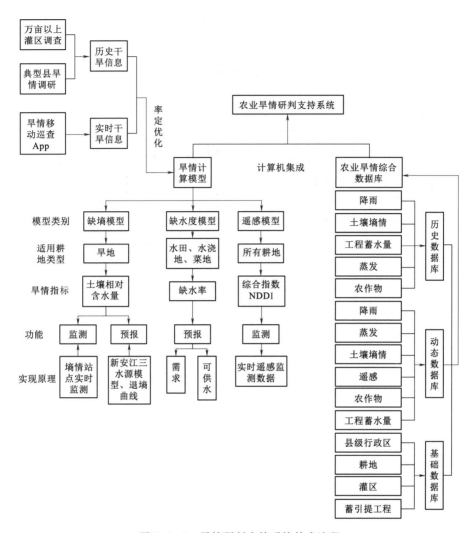

图 8.3-3 旱情研判支持系统技术流程

（3）在上述计算模型和旱情数据库的基础上，研究开发江西省农业旱情研判系统，实现全省农业旱情的实时监测、预测和研判，并自动生成旱情简报。

8.3.5.2 基本功能与实现

系统功能主要包括门户信息展示、基本信息查询、研判与展示、模型率定与验证等。其中，门户信息展示主要是对当前旱情、水雨情的综述，展示当前旱情简报；基本信息查询实现对旱情数据库监测结果信息的查询；研判与展示为该系统核心部分，允许用户设置不同的工况模拟农业旱情和预测干旱发展趋势，该模块根据建立的旱情研判计算模型计算旱情并将其以图表形式展示；模型率定验证即通过历史干旱信息及旱情巡查获取的实时干旱信息实现对旱情计算模型的修正优化。系统基本功能图如图 8.3－4 所示。

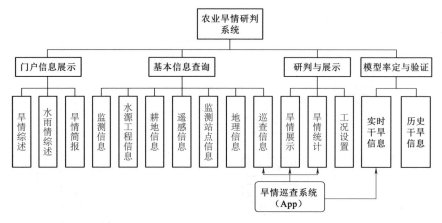

图 8.3－4　系统基本功能图

1. 门户信息展示

门户信息位于系统主页面，分块简要展示当前旱情整体情况，其包含旱情综述、水雨情综述、旱情简报三部分。

旱情综述，简述整体受旱情况、受旱面积、受旱耕地面积中旱地和水田的比例、最旱地区等，并配有 GIS 图展示全省旱情分布情况。

水雨情综述，对降雨、江河水情、水库水情的描述。指出当日降水量枯警的地区；统计出枯警水位的河流，若无枯警水位河流则指出当前距枯警水位最近的河流；统计出死水位水库，若无死水位以下水库则指出距死水位最近的水库。

旱情简报，包括旱情综述、水雨情综述以及预测未来时段旱情等内容，可自动生成。

2. 基本信息查询

针对旱情数据信息繁杂、数据量大、信息类别多的特点，建立基本信息查询功能模块，实现对旱情数据快速查询，迅捷查阅。查询的内容主要包括监测信息、水源工程信息、耕地信息、遥感信息、监测站点信息、地理信息、巡查信息。基本数据查询（水库）界面示例见图 8.3－5。

（1）基本资料查询。系统可实现行政区划最小单元到乡镇、水利工程最小单元到小型灌区、小型水库资料的查询功能，查询内容包括各乡镇的作物结构、播种面积、耕地结构，各灌区现状等基本数据。

（2）实时数据查询。实时数据包括实时水情、气象、墒情、降雨、蒸发、水源、遥感旱情情况等基本数据。

用户: 雷声 部门: 省大坝安全管理中心信息科 注销	➡ 当前位置>网站首页>信息查询>大中型水库查询>秧塘水库

水库一般信息

管理单位代码		存在问题	坝坡沉陷，坝基老漏 ▲ 部位渗漏、放水涵管 ▼
管理单位名称	进贤县秧塘水库管理站	资料截止日期	2005-06-30
建成日期	1974-04-01	水准基面	吴淞基面
假定水准基面位置		备注	▲ ▼
坝址所在地点	进贤县街前乡秧塘村	水库枢纽建筑物组成	主坝1座、附坝5、开 ▲ 敞式溢洪道1座、输 ▼
工程等别	III		

水库水文特征值

多年平均蒸发量		毫米	集水面积	16	平方公里
多年平均降水量	1603	毫米	发电引用总流量		立方米每秒
多年平均流量	0.5	立方米每秒	资料截止日期	2005-06-30	
多年平均输沙量		万吨	最小泄量相应下游水位	36.000	米
多年平均含沙量		千克每立方米	最小下泄流量		立方米每秒
校核洪水位时最大泄量	245.80	立方米每秒	备注	▲ ▼	
设计洪水位时最大泄量	161.50	立方米每秒			

洪水计算结果

计算日期	洪峰流量_立方米每秒	时段洪量_百万立方米	洪水频率	备注	时段长
2002-05-19		295.000	0.0001		3天校核
2002-05-19		211.000	0.01		3天设计

入库河流

入库河流控制站代码		资料截止日期	2005-06-30
入库河流名称代码	AFH11006	备注	▲ ▼
入库河流名称	军山湖		

出库河流

出库河流控制站代码		资料截止日期	2005-06-30
出库河流名称代码	F36A201	备注	▲ ▼
出库河流名称	军山湖		

水库基本特征

图 8.3-5　基本数据查询（水库）界面示例

（3）旱情旱灾监测、评估与预测结果查询。模型计算结果存入数据库后，可以建立各种统计报表，如省、市、县的旱情旱灾监测、评估和预测统计报表，不同区域的干旱程度可以在全省电子地图上通过划定的干旱等级以不同的颜色显示给用户。

（4）等势线生成。对于墒情、降雨，旱情等数据，可以通过一定的算法生成等势线或等势面的形式显示在电子地图上，并以颜色分级。

3. 研判与展示

研判与展示部分根据系统数据库数据及用户设置的各类工况，调用缺水度模型和缺墒模型进行旱情计算。模型计算时可以把要计算的每一个行政分区或农作物等作为一个属性，再赋予各种属性和计算函数。该部分包括工况设置、旱情展示、旱情统计三块内容，其具体内容架构如图 8.3-6 所示。

4. 模型率定与验证

模型率定与验证是对旱情研判系统中旱情计算模型的进一步修正优化和研

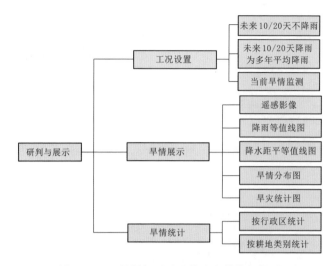

图 8.3 - 6 研判与展示具体内容结构框架图

究。旱情计算模型中缺水度模型、缺墒模型、遥感模型计算并预测未来时段旱情等级并不能完全和实际旱情相吻合，需对照实际干旱情况，对所建立的旱情计算模型进行参数率定，不断修正优化模型参数，使其能符合实际干旱情况。模型率定验证是通过一次次旱情计算模型预测的旱情等级与旱情监测数据、旱情拍拍等数据相比照，调整修改模型参数直到符合实际旱情为止。

运用该系统对鄱阳湖区 2018 年 8 月 6 日干旱情况进行研判分析，得到 2018 年 8 月 6 日未来 10 天无雨的旱情，结果如图 8.3 - 7 所示。

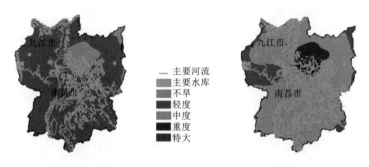

（a）2018年8月6日旱情监测图   （b）2018年8月6日未来10天无雨旱情预测图

图 8.3 - 7 鄱阳湖区旱情研判趋势图

第9章

鄱阳湖智能管理技术

　　提高社会治理智能化水平，契合当今时代信息化、智能化快速发展的实际。智能管理利用大数据、云计算、移动互联、人工智能等先进的信息化和智能化技术手段，结合水利管理的实际工作和方法，通过对前端数据采集、数据资源管理为使用者提供信息化服务及管理对策和建议，对传统水利管理进行智能化升级改造，提高水利管理水平。充分利用高新信息技术对传统水利的各个领域进行智能化管理，是提高水利建设和管理水平的有效途径。

　　智能化是顺应现代科技发展趋势的必然选择，是大数据、物联网、移动互联、云计算和人工智能等现代科技与经济社会发展的深度融合，极大地改变甚至重塑了社会生产和社会组织的关联形态。湖泊保护管理实际工作中须树立智能化理念，提升智能化水平。

　　湖泊的管理保护作为社会治理的一部分，需充分利用大数据、云计算、移动互联、人工智能等先进的信息化、智能化技术手段，针对湖泊管护工作中存在的水利问题和管理需求，结合湖长制实施、河湖采砂执法、水利工程标准化管理等具体工作，构建以前端感知、数据存储分析、业务应用为一体，以湖泊保护管理业务为核心的一系列智能管理系统，实现湖泊管理的智能化，提升湖泊治理水平，实现湖泊长效管护的目标。

9.1　智能管理技术

　　智能管理技术是利用计算机技术、数据库技术、网络技术、移动互联等一系列高新信息技术，应用于各个行业，建设各类管理系统。随着计算机技术的进步，管理系统也从传统的管理科学的范畴延伸到了软件技术的范畴，包括ERP系统、办公自动化系统（Office Automation，OA）、辅助决策系统（Decision‐making Support System，DSS）、工业控制系统 （industrial and Col-laborative Control Systems，CCS）等。智能管理系统的出现，将信息电子化，建立电子台账，方便查询、统计和分析。实现信息管理的系统化、信息化和智能化。智能管理所包含的技术有自动识别、传感器和定位等技术。

（1）自动识别技术：是由特定的识别设备通过被识别物品和其自身之间的接近活动自动地获取物品的信息，并将信息提供给计算机系统以进行指定处理的一种技术。

（2）传感技术：是一种将来自自然信源的模拟信号转换为数字信号、实现信息量化的技术。传感器采集到的信息是物理世界中的物理量、化学量、生物量，这些信号并不能被识别，所以需要转化成可供计算机处理的数字信号，如温度、压力等。

（3）定位技术：是采用一定的计算方式，测量在指定坐标系中人、物体及事件发生的位置的技术，国内目前有 GPS 定位、北斗卫星定位、基站定位、Wi‐Fi 定位和蓝牙定位。

智能管理总体技术框架可分为感知层、网络层、数据层、应用支撑层与平台服务层、用户层。智能管理技术框架如图 9.1-1 所示。

1. 感知层

感知层作为智能管理技术框架的最前端部分，主要由信息感知终端构成，负责感知或采集各类信息数据；感知层的作用是对信息进行感知，通过传感器、RFID、条形码等载体实现对物体的信息感知、定位和识别。

2. 网络层

网络层主要负责接收来自感知层的数据信息，通过专用或通用网络等实现数据的传输，它主要由各种专用网络、互联网、有线和无线通信网等组成。网络层主要实现了两个终端系统之间的数据透明、无障碍、高可靠性、高安全性的传送以及更加广泛的互联功能。

3. 数据层

数据层主要是将采集到的各项数据在各类数据库中进行存储和管理，常用到的技术有数据挖掘、海量数据管理、分布式存储等。

4. 应用支撑层

应用支撑层介于数据层和平台服务层之间，提供一个支持信息访问、传递及协作的集成化环境，实现个性化业务应用的高效开发、集成、部署与管理。

5. 平台服务层

平台服务层根据行业具体需求，向用户提供接口，它包含了支撑平台子层和应用服务子层。平台服务则主要提供云计算，WebService、SOA 等技术。

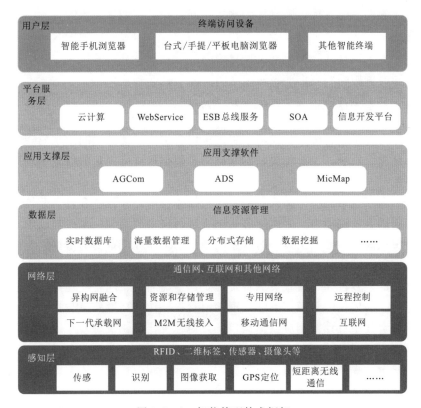

图 9.1-1　智能管理技术框架

6. 用户层

用户层的主要作用是将各具体的应用功能呈现给使用者，发布到 PC 端或者移动端，满足用户的使用需求。

9.2　鄱阳湖湖长制管护信息系统

江西省全面实施湖长制对鄱阳湖的开发治理和保护意义显得尤为重大。加强鄱阳湖的管理保护，维护鄱阳湖生态健康，对实现鄱阳湖功能可持续开发利用发挥着积极的作用，为建设国家生态文明试验区和富裕美丽幸福现代江西提供有力的支持和保障。

以智能化信息技术来丰富鄱阳湖管理保护的手段，加强湖泊管护技术能力，增强鄱阳湖管护的信息技术支撑，成了鄱阳湖管护工作人员的广泛共识与需求。

鄱阳湖湖长制管护信息系统是以鄱阳湖保护管理为核心，根据江西省湖长制全面实施的总体目标，围绕湖泊水域空间管控、湖泊水质监管、湖泊岸线管理、湖泊水功能及水资源保护、水污染防治等核心内容，以河湖长制相关专题数据库、云平台及互联网络等基础设施为支撑，建立鄱阳湖保护管理的长效机制，加强对鄱阳湖的管护能力。

9.2.1 系统目标

（1）为鄱阳湖各级湖长摸清职责范围内管护人员信息，湖泊水质现状，与水利、环保、农业、工业相关联的基础信息数据提供可视化的信息展现形式与查询系统。

（2）利用卫星遥感、无人机、视频监控等技术，并且结合自动监控监测设施，增强动态监测能力，为水质恶化倒查、污染来源追溯、采砂与湖泊水域面积监管提供高效的监测工具，为鄱阳湖湖长制工作提供重要的依据。

（3）通过湖泊管护工作的信息化建设，促进日常巡查制度的落实完善，将各级湖长的检查督导、巡查员的日常巡查、情况通报、问题办理等工作内容纳入信息化、一体化的管理，最终实现湖泊管护工作的高效便捷与实时可控。同时，给各责任单位预留相应数据接口，方便各责任单位及时公布行政信息和辅助协同办公。

（4）全面提升湖泊管护工作效率，针对鄱阳湖湖长制具体工作要求，为各级湖长及巡查人员量身定制，建成湖泊移动巡查及信息移动查询系统，即手机端的办公一体化软件，使各级湖长可以随时随地进行任务派发、监督考核、信息查询，巡查员可实时上传巡查中发现的问题或情况。

（5）推进群防群治，打造公众互动系统，通过手机 App、微信公众号等方式加强对鄱阳湖湖长制履职情况的社会监督，大力对鄱阳湖湖长制及保护工作进行政策宣传、科普教育、展示鄱阳湖湖长制工作动态及成效等信息，并让群众积极参与湖泊环境监督，完善健全公众参与机制。

9.2.2 系统架构

在深入调研湖长制湖泊保护管理模式的基础上，根据鄱阳湖区的特性，结合鄱阳湖湖泊保护的具体工作，以湖泊管护核心业务为主线，以监测监控为数据依托，从实际业务需求分析入手，按照系统目标和内容明确出各业务系统功能，采用现代先进的移动互联、云计算、大数据等高新信息化技术，在 SaaS 模式下建设统一的管理软件应用系统，利用扁平化的系统建设和部署改变以往按行政层级进行独立建设的树形组织方式，将软件功能系统化，使用户可按所需对系统业务功能进行访问，并且支持个性化功能需求的定制开发和应用。

针对鄱阳湖湖长制智能管理信息系统的业务需求，构建"1＋1＋2＋N"

体系的信息化系统，实现统一的基础设施运行环境、统一的数据中心、统一的应用系统和统一的门户访问入口。即一个基础设施云＋一个鄱阳湖云数据中心＋两个体系（支撑保障体系和信息安全体系）＋N 类河（湖）长制湖泊管护信息化业务应用系统。鄱阳湖湖长制管护信息系统总体架构设计图如图 9.2－1所示。

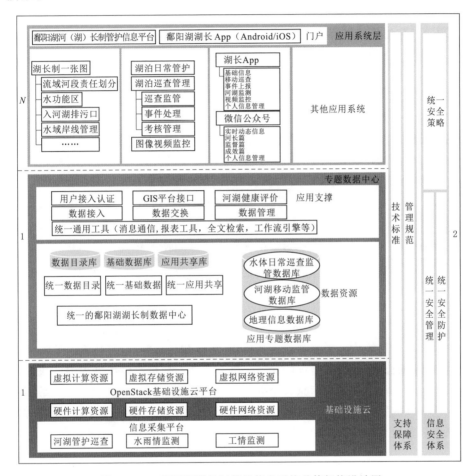

图 9.2－1　鄱阳湖湖长制管护信息系统总体架构设计图

9.2.3　系统功能

9.2.3.1　用户权限划分

系统提供的软件业务功能按照省市县乡村五级湖长制管理行政层级进行层级化分类，分别提供满足各自需求的相应业务功能。省级用户重点关注鄱阳湖湖长制管理的全局统筹、督导协调和监督考核；市级用户则兼顾省级和县级两级功能，并起到上传下达和监督考核县级工作的作用；县级用户重点关注的是鄱阳湖日常管护工作的具体事务处理、监测监控、信息上报等。

湖长制管理行政组织内的用户管理，对接省统一用户认证系统，实现用户账号的统一管理和认证，结合系统中分权分域多维用户权限管理模型，实现各级湖长制管理主管单位对系统功能和数据访问的精确控制；对于公众用户，系统采用自建用户注册认证系统。

9.2.3.2 分权分域模型

分权分域模型主要体现在用户在使用系统的功能访问和数据访问权限方面，系统在基于用户角色访问模型的基础上，结合湖长制行政管理层级模型、责任分段、用户分类形成四个管理维度，通过这些维度的组合，为每一个用户构建分权分域的功能和数据访问精确控制模型。即用户登录系统后，可以访问与用户行政层级、湖泊管理责任地域、用户角色相对应的功能和数据。

（1）河（湖）长制管理行政层级以"五级三员"进行层级式划分，五级即：一级，省级湖长和河长办；二级，市级湖长和河长办；三级，县级湖长和河长办；四级，乡镇级湖长；五级，村级湖长。三员即专管员、巡查员、保洁员。

在具体权限划分过程中，系统功能作为最小权限单位，按以上行政层级中各角色进行聚合，从而完成系统功能与角色的映射关系，达到按用户角色访问系统功能的权限划分。如：湖长和河长办需要关注和使用湖泊基础信息查阅、湖泊巡查管理调度等；而巡查员则需要关注和完成日常的巡查任务。

（2）湖泊责任分段与行政管理层级对应，层级映射后形成同样的树形架构，具体展开层级为：省级湖长责任区段-市级湖长责任区段-县级湖长责任区段-乡镇级湖长责任区段-巡查员管护区段。在详细数据库设计过程中，数据属性中将包含湖泊责任区段信息，根据湖泊责任区段与行政层级的映射关系，完成分权分域的完整模型。同时通过开放一些公用账号，提供基本信息的查询，以供湖长查看管辖区域外的情况。湖长制分权分域管理模型图如图 9.2 - 2 所示。

9.2.3.3 系统业务应用

系统的业务应用涵盖湖长门户、湖长制一张图、湖泊监管信息查询、湖泊日常管护（巡查监管、事件处理、考核管理）、应急会商、治湖专题、统计分析、图像视频监控等主要业务应用，以实现江西省湖泊面积不缩减、水质不下降、生态不破坏、功能不退化、管理更有序等五项重要管理目标，为水质动态监测监控、污染来源倒查、水质恶化预警提供技术手段，也为湖泊管护工作提供有力技术支撑、决策依据和辅助参考。鄱阳湖湖长制管护信息系统业务功能框架如图 9.2 - 3 所示。

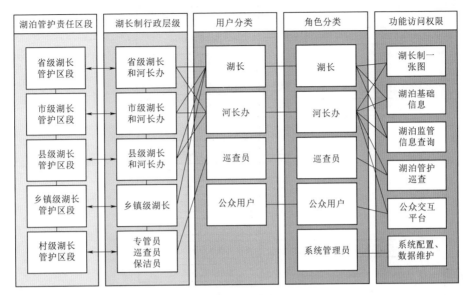

图 9.2-2 湖长制分权分域管理模型图

系统主要包括以下业务功能。

1. 湖长门户

根据鄱阳湖湖长制体系内的各级湖长最关注的工作动态，将其所辖行政区划内湖长制相关的各项工作进行系统模块化的划分，并通过组合拼接在信息系统中予以综合展示。

2. 湖长制一张图

在 GIS 底图的基础上，制作一系列湖泊管护相关的专题图层，如流域河（湖）段责任划分图层（含责任人员、基本概况、水质信息）、水功能区图层、饮用水水源地图层、入河湖排污口图层、水域岸线管理图层、水文监测站点图层等，满足管理人员直观掌握鄱阳湖相关基础信息和动态监测数据的需求。

3. 湖泊监管信息查询

对湖长制工作中比较关注的入湖河流及湖泊水质、水量、水生态等信息及涉湖基础信息进行动态监测并查询，以便对其进行监督和管理，包括：

（1）水质监管：通过实时监测和查询重要断面及水域的水质数据，并针对数据进行统计分析和评价，来满足对重要断面和水域水质动态监测和预警预报的需求；满足按照统一的标准规范开展水质监测和评价并发布监测数据成果的需求；满足建立水质恶化倒查机制，追溯污染来源的需求。

（2）水资源及水功能区保护监管：通过核定入湖排污口数据，来满足对落

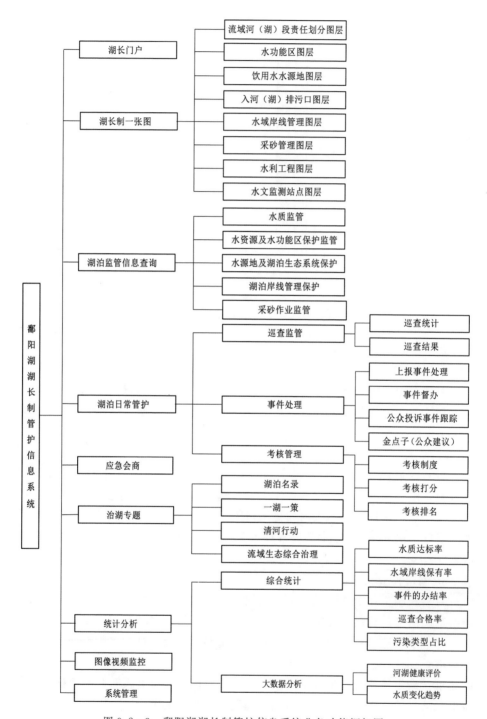

图 9.2-3 鄱阳湖湖长制管护信息系统业务功能框架图

实水资源四项制度和验收三条红线的要求；满足对严格入湖口排污监督管理的要求；满足对水功能区纳污能力及纳污总量核定的监督管理要求。

（3）水源地及湖泊生态系统保护：通过对水源保护区划分范围以及湖泊周边生产项目信息的数据化以及对生态修复、水土保持和综合治理等信息的管理，提高水源地及湖泊生态系统保护的水平。

（4）湖泊岸线管理保护：通过水域岸线登记信息，湖泊岸线保护区、保留区、限制开发区、开发利用区划分范围信息等的数据化，实现湖泊岸线分区管理、岸线保护的信息化管理；满足对涉河项目行政许可透明化、公开化的需求。

（5）采砂作业监管：通过采砂信息登记、采砂规划、湖泊岸线登记的信息化管理，满足保护湖泊原状及湖泊生态环境的需求。

4. 湖泊日常管护

将湖泊管护工作中的日常巡查、问题督办、情况通报、责任落实、考核排名等纳入信息化的管理，满足鄱阳湖湖长制工作实时高效的需求；满足湖泊污染事件即时上报，及时处理的需求；满足及时对鄱阳湖各级湖长工作进行考核排名的需求。

5. 应急会商

湖长制工作涉及多个责任部门，特别是在发生紧急或重大事件时，需要协调多部门进行应急会商。通过在信息系统中的应急会商功能，满足多部门间协同办公的需求。

6. 治湖专题

针对湖泊名录查询、一湖一策监管、清河行动、流域生态综合治理等专题制定专门的数据库，并可在系统中对具体信息进行信息查询和展现。

7. 统计分析

对涉及湖泊管护工作的相关数据进行综合统计和大数据分析，为管理者提供有参考价值的统计数据和分析结果。鄱阳湖湖长制一张图功能界面如图9.2 - 4所示。

上述业务子系统相互支持，相辅相成，共同构成鄱阳湖湖泊管理保护业务。在数据采集接入的基础上，湖长门户展示各级湖长最关心的治湖工作，进行湖长制日常业务管理；通过湖长制一张图展示实时数据，并可在湖泊监管信息系统实时查询调阅湖泊各类基本信息及相关监测资料，并根据实时数据做出预警预报、可根据管护工作的统计分析对各级湖长工作进行考核评价，还可通过公众互动更好地辅助湖泊的监督和管理业务。应用系统运行在应用支撑系统架构上，由数据中心统一提供数据。根据业务处理的需要，对应用支撑系统请求各种服务，完成业务处理功能，实现应用系统的集成。为省、设区市、县等

图 9.2 - 4　鄱阳湖湖长制一张图功能界面

不同层面的业务人员与决策者提供高效与便利的服务，并为政府相关责任部门、社会公众提供一个了解鄱阳湖、湖长制、参与监督鄱阳湖管护的便利渠道。

9.3　鄱阳湖采砂智能监管系统

　　鄱阳湖采砂监管工作主要围绕如何监控采砂者是否在批准的时间段、区域和采砂量采砂这三个主要问题来开展。同时结合《江西省河道采砂管理条例》和江西省河道采砂对采区采砂量进行监管、打击非法采砂行为的实际需要，将鄱阳湖采区的采量监测和涉砂船只识别等采砂监管工作纳入信息化、智能化管理。

　　鄱阳湖采砂智能监管系统的内容应包括基础信息管理、GIS 地图可视化动态监控、采砂现场管理、统计报表、图像视频监控、系统管理等子系统及整合前端监控设备，如各类已经布设安装的监控硬件设备。具体如下：

　　（1）基础信息管理子系统，包含对可采区、合法船只等各类基础信息的录入导出、查询检索、添加删除和更新等功能模块。

　　（2）GIS 地图可视化动态监控子系统，也可称作湖区执法一张图，是利用地理信息系统核心技术，开发出基于 GIS 图层的电子地图，将采区边界、正在采砂作业的船只实时工作状态和船只具体信息以图形化的展现方式在电子地图上进行呈现。

　　（3）采砂现场管理子系统，主要针对正在进行采砂作业的船只，包含采砂船状态监控数据采集、采砂量智能分析等功能模块。

（4）统计报表子系统，将系统采集到的数据进行智能化的统计和分析，包含采量统计、采区开采情况、报表输出等功能模块。

（5）图像视频监控子系统，针对重点水域提供全天候的实时视频监控功能，包含对进出监控区域船只的视频监控、记录存储等功能模块。

（6）系统管理子系统，提供系统的权限及人员信息管理及操作日志、系统帮助等功能模块。

（7）整合已布设的船载智能传感设备，这些设备作为系统数据采集的前端设备，在受监控的采砂船只上进行布设安装，利用传感器和智能主机对船只采砂量数据进行采集计算、数据本地存储、数据传输、数据补发等功能。

（8）整合已布设的重点水域视频监控设备，通过整合已安装在重点水域、航道的红外摄像头前端监控，对过往涉砂船只进行实时监控，包含对船只上下行监测、长宽检测、告警、数据本地存储、数据传输等功能。

9.3.1 系统设计

系统设计的思路是在调研鄱阳湖采砂区的实际情况和江西省水政执法监管模式的基础上，根据水政执法中对采砂监管的实际工作流程，以监测监控为数据依托，从实际业务需求分析入手，按照系统目标和内容明确出系统各个子模块，采用现代先进的互联网、大数据、3S、智能传感器等高新信息化技术，实现鄱阳湖区的采砂船的动态监控、采砂量监管、重要水域视频监控及船只识别等功能。系统总体架构如图 9.3-1 所示。

9.3.2 系统功能

系统主要功能包括：基础信息管理、湖区执法一张图、采砂现场监测管理、图像视频监控、统计报表、智能执法系统（后期建设）、系统管理。功能框架如图 9.3-2 所示。

9.3.2.1 基础信息管理

主要为用户提供所需的重要信息，如湖区采砂水域的基本情况、可采区、采砂船、采砂许可证、批文等基础信息进行增加、删除、查询、修改等管理功能，用户还可以根据自身需要，设置筛选条件来调取以上信息。基础信息管理界面示意图如图 9.3-3 所示。

9.3.2.2 湖区执法一张图

以江西省电子地图（1∶250000 比例尺，重要河道周围采用 1∶10000 比例尺）为基础，在基础地理图层上叠加每年度的可采区和禁采区（依据业主提供的采区控制规划图和可采区 CAD 工程图），以直观的形式管理河道采砂的

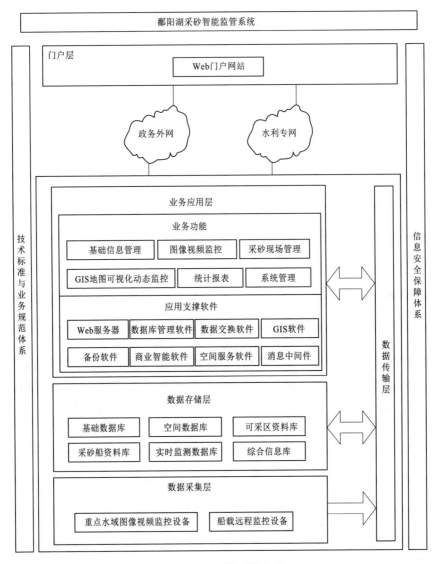

图 9.3-1　系统总体架构

地理位置等相关信息。

　　借助地理信息系统（GIS），实时可视化地展示河道上正在进行采砂、运砂作业的所有船只，通过各类图层的展示（如采砂船名称、采砂船类型、采区名称、热力图和聚点图等图层），将船只的数量和状态图形化地展现在一张电子地图上。此外，系统还提供基础的地图工具，包括：地图缩放、标尺、测距、标记和坐标显示，方便用户在地图上进行相关操作。其包含采区动态管理、船舶动态信息展示、船舶轨迹跟踪 3 个功能模块。湖区执法一张图界面示

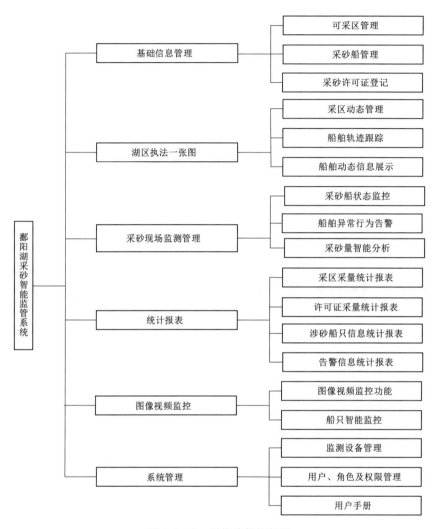

图 9.3-2 系统功能框架图

意图如图 9.3-4 所示。

1. 采区动态管理

采区动态管理依据各个采区的基础信息，可设置采区的开放状态，借助电子围栏技术，用户可对指定的区域设置电子围栏，并通过设定时间段、划定界限和选定船舶等条件，对船舶异常行为如越界或超时采砂行为提供参数和判定规则的设置。通过对采砂船的监控和可采区的对照达到限时采砂、限区采砂的目的。可采区范围图形是系统根据创建可采区信息时输入的采砂控制点坐标，减去偏移值后，将所有的坐标点依次连接形成的不规则多边形。

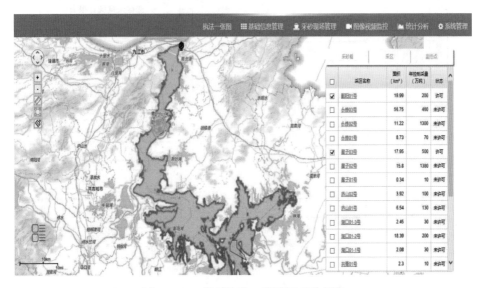

图 9.3-3　基础信息管理界面示意图

图 9.3-4　湖区执法一张图界面示意图

2. 船舶轨迹跟踪

系统对管理范围内登记的采砂船、运砂船的船舶进行可视化监控,将接收的采砂、运输船的相关经纬度信息进行处理,来显示采砂船实时的地理位置,并将采砂船采砂作业过程中船只行驶的全部轨迹记录下来,发现违法情形后可随时调用,继而可以提供保留下来的轨迹作为证据。船舶轨迹跟踪示意图如图9.3-5所示。

用户选择一个采区名称后,采砂船名称选择栏内会显示出该采区内所有采

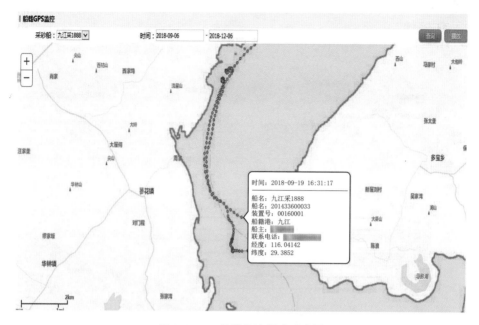

图 9.3-5　船舶轨迹跟踪示意图

砂船的名称。选择一个采砂船名称后，时间选择栏内会显示出该采砂船的位置记录时间节点。点击时间选择栏内的某一时间节点，电子地图窗口会显示出在这个时间节点里采砂船的位置和信息。将鼠标移至采砂船图标上会显示信息，信息包括：可采区名称、船名、记录时间、经纬度、采砂状态、是否越界。每一个时间节点都记录了采砂船的一个位置信息，所有的时间节点就组成了采砂船的运行轨迹。

　　3. 船舶动态信息展示

　　对管辖区域内的采砂船只的运行状态、装载状态、工作状态进行图形化的展示和呈现。选择一个采区名称后，采砂船图像显示窗口内会显示所有该采区内采砂船最新的监控图片信息。每个采砂船的图片信息以一个小型的采砂监控表格方式显示。采砂监控表格包括：采砂监控图片、可采区名称、采砂船名称、采砂量、功率、经纬度、采砂状态、是否出界、时间选择、查询按钮组成。采砂船状态展示界面示例如图 9.3-6 所示。

9.3.2.3　采砂现场监测管理

　　采砂现场监测管理的主要目的是通过船载智能传感设备等，实时掌握采砂船的工作状态，并将这些数据进行智能化的预处理，进而定量地分析出采砂船的采砂量。该子系统包含采砂船状态监控、船舶异常行为告警、采砂量智能分析等功能模块。

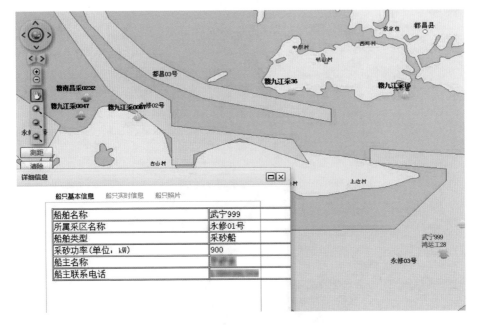

图 9.3 - 6　采砂船状态展示界面示例

1. 采砂船状态监控

利用安装在采砂船上的船载智能传感设备，将正在采区作业的采砂船作业的定位信息、运砂或采砂船只身份、图像信息、采砂船的工作状态、时间等信息进行采集，利用多源数据融合技术，通过 3G/GPRS 传输模块无线传输到后台的应用服务器。在应用服务器内对采集信息进行预处理，经处理的各类动态信息将自动存入数据库中。

2. 船舶异常行为告警

在系统中，若发现有船舶出现越界或者超时采砂等涉嫌违法的行为，系统将自动进行预警，在电子地图上将该船只标记为闪烁红色，并通过提示或短信、邮件或者待办事项等方式通知给执法部门相关人员。告警信息界面示例如图 9.3 - 7 所示。

3. 采砂量智能分析

采砂量智能分析在可采区合法作业的采砂船状态监控的基础上，通过船载智能传感设备收集采砂船只的采量监测数据、配载信息等，并将采集到的数据通过智能分析和处理，将这些数据和信息实时地呈现在系统界面中，以提供给操作者或者执法人员调阅查看，可统计出某艘采砂船在某段时间内的采砂总量，并按照设定的采砂限制进行告警或提醒。

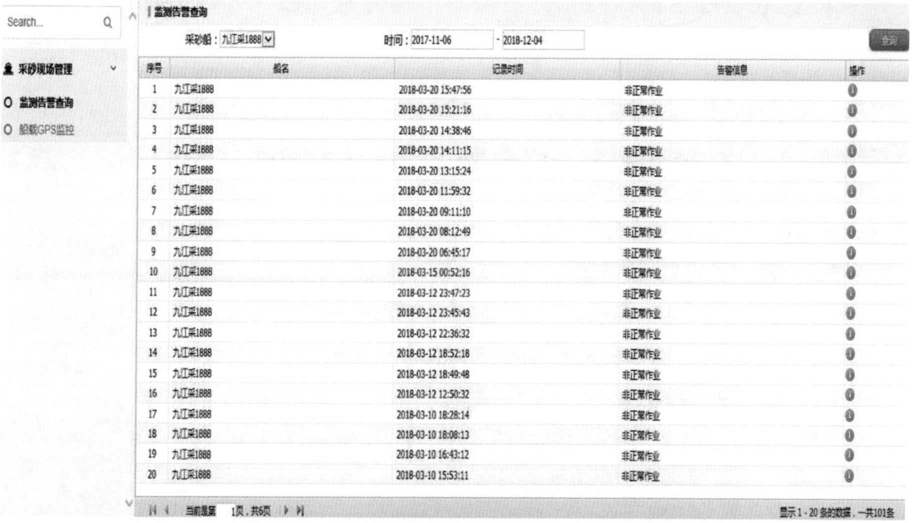

序号	船名	记录时间	告警信息	操作
1	九江采1888	2018-03-20 15:47:56	非正常作业	
2	九江采1888	2018-03-20 15:21:16	非正常作业	
3	九江采1888	2018-03-20 14:38:46	非正常作业	
4	九江采1888	2018-03-20 14:11:15	非正常作业	
5	九江采1888	2018-03-20 13:15:24	非正常作业	
6	九江采1888	2018-03-20 11:59:32	非正常作业	
7	九江采1888	2018-03-20 09:11:10	非正常作业	
8	九江采1888	2018-03-20 08:12:49	非正常作业	
9	九江采1888	2018-03-20 06:45:17	非正常作业	
10	九江采1888	2018-03-15 00:52:16	非正常作业	
11	九江采1888	2018-03-12 23:47:23	非正常作业	
12	九江采1888	2018-03-12 23:45:43	非正常作业	
13	九江采1888	2018-03-12 22:36:32	非正常作业	
14	九江采1888	2018-03-12 18:52:18	非正常作业	
15	九江采1888	2018-03-12 18:49:48	非正常作业	
16	九江采1888	2018-03-12 12:50:32	非正常作业	
17	九江采1888	2018-03-10 18:28:14	非正常作业	
18	九江采1888	2018-03-10 18:08:13	非正常作业	
19	九江采1888	2018-03-10 16:43:12	非正常作业	
20	九江采1888	2018-03-10 15:53:11	非正常作业	

图 9.3-7 告警信息界面示例

9.3.2.4 图像视频监控

通过整合湖区已经建设的视频监控硬件设备，可对涉及采砂的重点水域进行隐蔽、安全的违法行为侦查和取证，实时获取并存储现场的影像，直观、清晰地分辨水面上船舶的活动情况；还可通过识别船只船号、尺寸等细节，达到加强船只进出监管、统计船只进出数据、留存影像证据和节省人力资源等目的。该子系统主要包括图像视频监控功能及船只智能监控。

1. 图像视频监控功能

重点水域的图像视频监控功能包括实时视频监控与历史视频回放、船只智能监测等子模块。有突发事件还可及时调看现场画面并进行实时录像，记录事件发生时间、地点，及时报警联动执法部门进行处理，事后可对事件发生视频资料进行查询分析。

该功能依托的硬件设备为热成像双光谱云台摄像机，由于双光谱热成像摄像机具备热成像机芯与可见光机芯两种机芯，因此可采集到热成像视频图像与可见光视频图像两种图像，根据不同业务应用需求可分别调阅不同的视频图像。在能见度情况良好情况下，可利用可见光视频查看船只详细情况；在能见度较差的天气情况以及夜间低照度环境下可利用热成像视频图像查看船只轮廓及动态信息。可见光图像分辨率为1920×1080，热成像图像分辨率为640×512。

此外，还能将拍摄到的视频资料进行存储，将拍摄到的历史视频资料进行回放，以提供给执法人员按需调取。

实时视频监控示例和船只智能监测示例分别如图 9.3－8 和图 9.3－9 所示。可见光及热成像的成像效果示意图如图 9.3－10 所示。

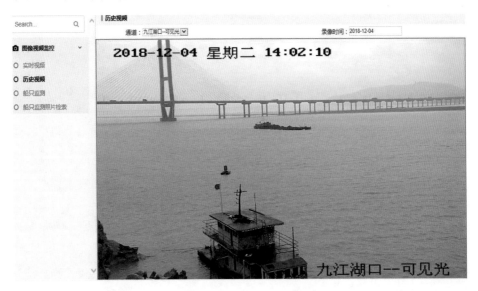

图 9.3－8 实时视频监控示例

时间	船只监测情况				
	监测船只数	上行船只数	下行船只数	左行船只数	右行船只数
2018-10-03~2018-12-06	9847	436	324	2517	6570

序号	地点	时间	检测船只数	上行船只数	下行船只数	左行船只数	右行船只数	操作
1	湖口县自来水厂取水口附近	2018-11-28 00:37:06	1	0	0	1	0	
2	湖口县自来水厂取水口附近	2018-11-28 00:08:18	1	0	0	1	0	
3	湖口县自来水厂取水口附近	2018-11-28 00:08:17	1	0	0	1	0	
4	湖口县自来水厂取水口附近	2018-11-28 00:08:15	1	0	0	1	0	
5	湖口县自来水厂取水口附近	2018-11-28 00:07:47	1	0	0	1	0	
6	湖口县自来水厂取水口附近	2018-11-27 23:05:52	1	0	0	1	0	
7	湖口县自来水厂取水口附近	2018-11-27 23:05:31	1	0	0	1	0	
8	湖口县自来水厂取水口附近	2018-11-27 22:49:25	1	0	0	1	0	
9	湖口县自来水厂取水口附近	2018-11-27 22:49:23	1	0	0	1	0	
10	湖口县自来水厂取水口附近	2018-11-27 22:49:22	1	0	0	1	0	
11	湖口县自来水厂取水口附近	2018-11-27 22:38:49	1	0	0	0	1	
12	湖口县自来水厂取水口附近	2018-11-27 20:30:59	1	0	0	1	0	
13	湖口县自来水厂取水口附近	2018-11-27 20:30:58	1	0	0	1	0	
14	湖口县自来水厂取水口附近	2018-11-27 20:21:05	1	0	0	1	0	
15	湖口县自来水厂取水口附近	2018-11-27 20:18:46	1	0	0	1	0	
16	湖口县自来水厂取水口附近	2018-11-27 20:18:41	1	0	0	1	0	
17	湖口县自来水厂取水口附近	2018-11-27 20:18:22	1	0	0	1	0	

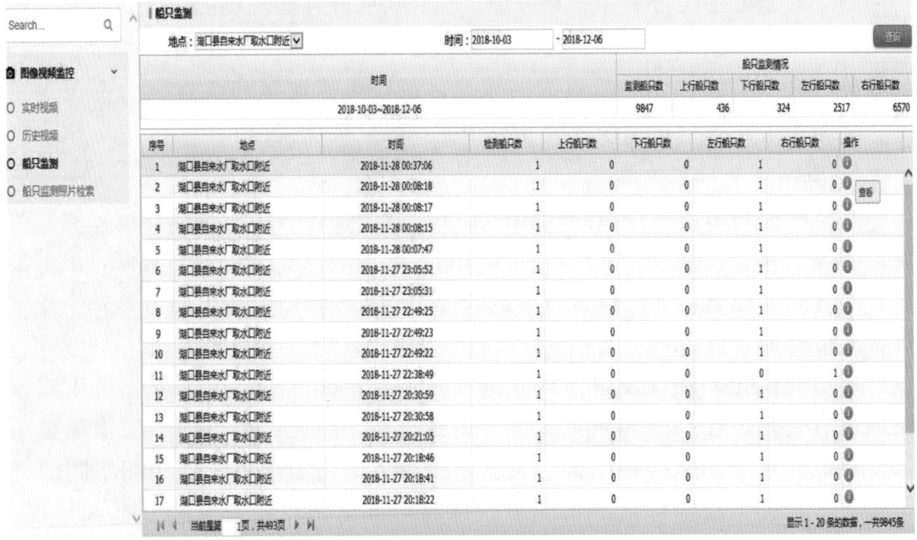

图 9.3－9 船只智能监测示例

2. 船只智能监控

该功能依托的硬件设备为热成像双光谱云台摄像机，对过往船只进行运动侦测的同时，当船只进入检测区域、进过检测线以及离开检测区域时摄像机两

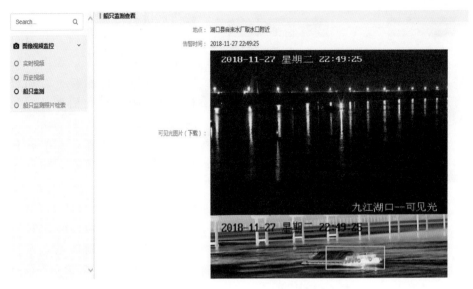

图 9.3-10   可见光及热成像的成像效果示意图

个通道可分别对船只进行抓拍图片，单独记录保存。图像抓拍功能示意图如图 9.3-11 所示。船只智能监控由船只参数估算和可疑船只甄别两个功能子模块组成。

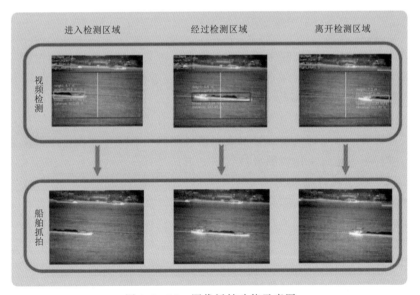

图 9.3-11   图像抓拍功能示意图

　　船只参数估算功能是通过热成像双光谱云台摄像机内置的船只检测计数模块、长高度估算模块、速度估算模块等智能分析算法，可对采集到的热成像视

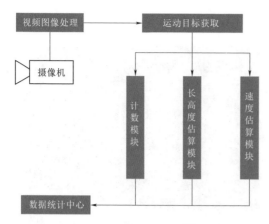

图 9.3-12　船只参数估算功能流程示意图

频信息进行分析。在统计航道经过船只数量的同时，针对单一船只进行长高度、速度值估算，并可对上行船与下行船进行区分。船只参数估算功能流程示意图如图 9.3-12 所示。

可疑船只甄别功能需在积累大量的船只数据后，识别区域内的船舶信息，并进行辨识、甄别出可疑船只，分两步实现。

人工识别阶段。利用视频监控技术，实现湖区重点水域所有过往船只图像的存储，工作人员定期进行人工识别，并建立需识别的船只图像数据库。

自动识别阶段。利用人工识别阶段建立的船只图像数据库，分析需识别船型的图像特征尺寸，研究分析算法，达到同一类型船只的自动识别。如自动识别过往的船只是否为采砂船、采砂船的具体型号和外形参数，再结合目前合法采砂船上安装的 GPS 所提供位置信息，进行比对后，甄别出是否疑似非法采砂船。

9.3.2.5　统计报表

统计报表包括采区实际采砂量统计查询、可采区信息统计查询报表、采砂船配载采砂量统计查询、采砂船信息统计报表查询、运砂船信息统计查询报表、告警信息统计查询六大功能。

在该子系统中，将以上六大功能按照监管对象分为四大类，分别是：采区采量统计报表、许可证采量统计报表、涉砂船只信息统计报表、告警信息统计报表。统计报表信息采用饼图或柱状图的形式进行显示。

1. 采区采量统计报表

该报表包括采区的实际采砂量统计及查询，即针对试点区域内各个采区的实际采砂量按照时间周期进行统计和查询，并以柱状图的形式展示出采区的开采比例，并形成报表，为管理人员提供辅助。采区采量情况统计报表界面示意图如图 9.3-13 所示。

可采区信息统计报表，将试点项目中所管辖的每个采区的可采砂数量、容纳采船数量以柱状图的形式进行展现。

2. 许可证采量统计报表

与采区采量类似，包括采区规划的采砂量统计及查询，即针对试点区域内

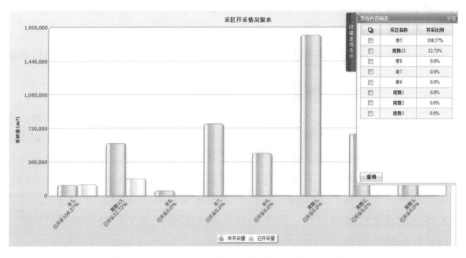

图 9.3-13　采区采量情况统计报表界面示意图

各个采区的规划采砂量按照时间周期进行统计和查询，并以柱状图的形式展示出采区的实际开采与规划比例，并形成报表，直观地展现给管理人员。

　　3. 涉砂船只信息统计报表

　　该报表包含采砂船配载采砂量统计查询、采砂船信息统计报表、运砂船信息统计查询功能，将涉及试点区域采区的采砂船只及运砂的各类数据进行图表化的展现。

　　4. 告警信息统计报表

　　通过对硬件设备监测到的疑似违法行为的告警信息进行综合统计，并可按照时间周期进行查询，以柱状图形式展现。

9.3.2.6　系统管理

　　系统管理包括用户、角色及权限管理，监测设备管理和用户手册三个子模块。用户、角色及权限管理模块根据管理的需要设置管理员级角色用户、流域级角色用户、厅级角色用户，并设定各级角色用户的权限；监测设备管理模块是为了能动态掌握安装在采砂船上的船载远程监控设备的运行情况；用户手册则是提供用户手册下载。

9.4　鄱阳湖堤防标准化运行管理信息系统

　　鄱阳湖区圩堤数量众多，是鄱阳湖区工程防洪体系的基础和主体，肩负着保护湖区人民生命财产安全的防洪任务。据统计，纳入《鄱阳湖区综合治理规划》的保护耕地面积 200km^2 以上的圩堤共 155 座（其中重点圩堤 46 座、一般圩堤 109 座），堤线总长 2460km，保护耕地共 39 万 km²，保护人口 694 万人。面对数量如此庞大的湖区堤防工程，如何充分发挥其工程效益、彻底扭转重建轻管的局面、提升堤防工程的管理水平，是摆在管理者面前一个亟待解决的重要课题。

2017 年，《江西省人民政府办公厅关于全面推行水利工程标准化管理的意见》（赣府厅发〔2017〕56 号），按照"节水优先、空间均衡、系统治理、两手发力"的新时期治水思路，围绕确保水库、水闸、堤防、山塘、泵站、水电站、灌区、农村供水工程、水文测站等九类水利工程安全、持续、高效运行的总目标，以落实水利工程管护主体、明确管护责任为核心，以建立水利工程标准化管理体系为基础，以深化水利工程管理体制机制改革为动力，全面落实水利工程标准化管理各项措施，切实提高水利工程管理水平，在江西省全面推行水利工程标准化管理。

堤防工程的标准化运行管理，为实现鄱阳湖区堤防工程的科学管理提供了途径。通过实施标准化建设管理，能够达到工程整体完好、防汛设备齐备、区域环境美观、管理手段多样、信息化全覆盖的目标，进而提升堤防管理水平，实现堤防工程安全运行、效益持续发挥的良性运行目的。

另外，随着物联网、云计算、大数据、移动互联等新一代信息技术的高速发展，以"互联网＋"理念推动堤防工程标准化运行管理成为大势所趋，要充分整合现有信息资源，通过鄱阳湖堤防标准化运行管理信息系统来促进湖区堤防工程的标准化运行管理，是堤防管理实现现代化的必由之路。

9.4.1　系统目标

堤防标准化运行管理工作的目的在于确保堤防功能的正常运行，延长工程使用寿命，同时必须保障堤防安全，确保周边人民的生命和财产安全，提高堤防的使用效果。因此，系统总体目标为：打通各级水行政主管部门与堤防工程管理单位的数据采集和共享通道，实现数据的集中存储、共享访问和有效利用；以信息化手段实现现场检查和远程监管相结合，实时掌握工程安全和运行状况；按照业务流程有序开展管理工作，提高工作效率和管理水平。具体如下：

（1）综合展示与统一管理堤防基础信息，促进管理范围的界定化。

（2）实现水雨工情数据采集、统计分析、在线安全监测和险情预警；保障堤防管理运行的安全化。

（3）明确管理人员工作职责和岗位设置，提升管理人员的专业化水平，对管理手册、操作规程与报告等电子化，促进管理责任的明细化与制度化。

（4）将堤防管理工作内容和流程在线化处理，特别是工作资料、报告的自动生成，实现管理过程信息化、管理考核规范化，实现堤防工程巡查工作自动化。

（5）通过管理过程中发现问题登记备案的信息化，对存在的问题能查询、调阅，统一做到管理和处理。

9.4.2 系统设计

系统是在深入调研鄱阳湖堤防工程标准化运行管理机制的基础上，根据江西省水利工程标准化管理目标，以水利工程运管系统数据为依托，以保障水利工程安全运行为主线，以水利工程"十化"管理为目标，从实际业务需求分析入手，合理制定应用功能，通过物联网、GIS、移动互联等新一代信息技术，构建鄱阳湖堤防标准化运行管理信息系统。

系统为湖区各堤防工程管理人员及上级水行政主管部门提供统一的登录门户。在统一的信息安全体系下，提供湖区堤防标准化管理信息化服务，提升堤防工程专业化、精细化和标准化管理水平，保障堤防工程安全、规范、专业运行，提高湖区堤防工程的运行管理水平。

9.4.3 系统架构

系统架构主要包括信息层、传输层、数据存储层、支撑层、业务应用层和用户层等6个层面，具有标准规范体系和安全保障体系，为湖区堤防工程管理人员和上级主管单位提供服务。系统总体架构如图9.4-1所示。

1. 信息层

实现统一监管的基础数据支撑，包括水雨情监测、工情监测、视频/图像监控、水质监测、流量监测、工程安全监测、维修养护、工程巡检、工程险情、工程隐患等信息，依托现代化通信网络快速实时地传输到数据库，为该系统业务应用提供数据支持。

2. 传输层

传输层是数据传输的通道，在两个端系统的会话层之间，提供建立、维护和取消传输连接的功能，负责端到端的可靠数据传输。该系统数据通过光纤通信组网、移动通信组网、水利专网等方式进行传输。

3. 数据存储层

将采集层的数据进行存储，为该系统的数据提供一个存储系统。数据存储层主要是对数据的组织、表结构设计、存储设计和数据对象关系的组织，形成一个标准统一的、结构完整的数据库。该系统的数据库主要内容包括元数据库、基础数据库、业务数据库、空间数据库、多媒体数据库、系统数据库等。

4. 支撑层

支撑层是系统的中间层，主要是通过封装组件的方式为系统的业务功能提

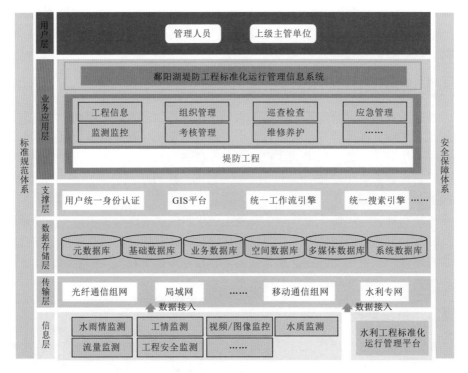

图 9.4-1 系统总体架构图

供通用的、可复用的功能组件。系统通过支撑层，根据业务层的功能，提供通用的中间层。该系统提供的业务支撑主要包括：用户统一身份认证、GIS平台、统一工作流引擎、统一搜索引擎等，为该系统业务应用系统提供支撑服务。

5. 业务应用层

根据系统功能要求，面向各级用户使用的业务功能。业务层的设计主要是为用户提供实际需求，交互便利，方便用户使用。该系统业务主要为堤防工程标准化运行管理提供服务，具体包括工程信息、组织管理、巡查检查、应急管理、监测监控、考核管理、维修养护等业务功能模块。

6. 用户层

直接面向系统用户提供的使用界面，可通过设置不同的管理权限，实现鄱阳湖区不同堤防管理人员对系统的差异化使用。

9.4.4 系统功能

系统的主要业务功能分别为：工程信息、组织管理、巡查检查、维修养护、日常管理、应急管理、考核管理、监测监控。各功能模块间相互支持，相辅相成，协同完成堤防工程标准化运行管理业务。同时，系统根据用户的不同级别分配相应的功能权限，详细的业务应用功能框架如图 9.4-2 所示。

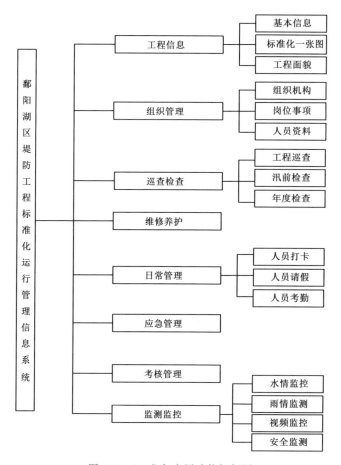

图 9.4-2　业务应用功能框架图

1. 工程信息

工程信息以江西水利信息一张图为底图，集中展示鄱阳湖区堤防工程的基础信息；可展示各堤防工程的基本属性信息，主要包括：工程名称、工程位置、规模等基础数据；可实现特征水位、特征库容、水文特性等堤防基本信息与工程特征信息的查询；堤防工程各位置和运行安全管理过程中的图片包括堤防现状、建筑物外貌、管理单位外貌、标志牌、水法规宣传牌、水安全警示牌、水文测站、信息化设施、工程形象相关资料等，使用户能够直观了解各类工程重点位置图片。

2. 组织管理

组织管理包括组织机构、岗位事项、人员资料等子模块，为管理事项定岗、为管理人员定责，逐步实现管理责任明细化。通过对管理单位及人员信息的查询展示，实现管理责任明细化。落实各类堤防工程管理责任主体，明确相应责任人，健全安全管理员制度，划分工程管理的各项岗位职责。做到责任到人、职责清晰、履职到位。管理单位信息主要展示工程管理单位的基本信息，包括管理单位名称、单位地址、单位性质、科室设置、联系电话、负责人、通信地址、管理单位编制总数、传真、在岗职工数和值班电话等。责任人信息主要展示工程各级安全责任人和联系方式，包括湖区各堤防工程管理单位各级责任人姓名及电话，以便及时联络相关责任人，确保各项工程安全运行。同时，可按权限查询水管单位的岗位设置信息，包含岗位类别、岗位名称、岗位职责划分情况、岗位责任人等信息。此外，通过对管理手册、操作规程、文件报告、业务文档、管理范围等信息查询与展示，实现水利工程管理制度化。

3. 巡查检查

巡查检查包括工程检查、汛前检查、年度检查三个功能子模块。巡查检查界面示例见图 9.4 - 3。

图 9.4 - 3　巡查检查界面示例

（1）工程检查，提供堤防工程的检查统计信息，以柱形图形式展示，包含最近连续检查天数和检查率等信息；提供检查详细情况，以列表形式展示，包含所属市县、工程名称、检查频次要求、应检查次数、实际检查次数、检查率、连续未检查天数、预警状态、检查路线和检查发现的隐患情况等，并对检查率按工程分类、时间、地区进行统计排名，方便监管人员查看和通报。

（2）汛前检查，提供堤防工程的汛前检查统计情况和详细检查情况，主要包括检查方式、检查时间、带队领导、检查人员、检查报告、检查发现问题及照片等。检查报告展示信息，包含工程名称、水工建筑物检查情况、各闸门及启闭设备检查情况、安全监测设施检查情况、备用电源负荷运行情况、防汛物资检查情况、防汛值班情况、应急管理员落实情况等。

（3）年度检查。年度检查工作应在每年12月31日前完成。提供堤防工程年度检查报告汇总展示功能，包含年度安全监测资料整编与分析成果、年度调度简况、年度维修养护实施情况和工程巡检成果等。

4. 维修养护

维修养护是对各堤防工程的维修养护计划以及资金的管理和统计。维修养护工作还可在系统中添加维养项目及除险加固项目数据，实现各类维养工作的无纸化存储，便于及时调阅查询。维修养护界面示例见图9.4-4。

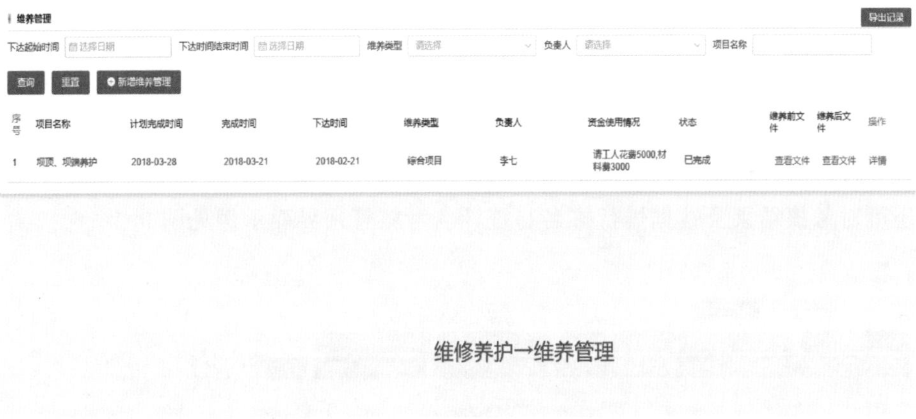

维修养护→维养管理

图9.4-4 维修养护界面示例

5. 日常管理

对人员打卡、人员请假、人员考勤统计实现电子化，还可按时间段进行查询和导出。日常管理界面示例见图9.4-5。

6. 应急管理

实现堤防工程的应急管理，包括应急预案管理、防汛物资管理、险情管理等信息的汇总展示。应急预案管理的内容包括应急预案、应急预案批文、应急预案批复时间等信息。防汛物资管理包括防汛物资清单、防汛物资落实情况等信息。险情管理包括险情发现时间、险情信息、险情描述、险情部位、险情照片、险情抢险方案、险情是否排除、水库险情处理报告等信息。

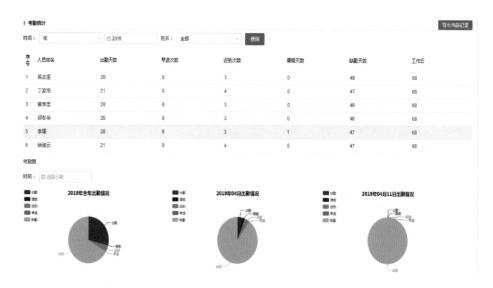

图 9.4-5　日常管理界面示例

7. 考核管理

针对湖区堤防工程标准化相关的各项要求进行电子化的考核与自动打分，还可对考核结果及数据进行排名与统计。考核管理界面示例见图 9.4-6。

图 9.4-6　考核管理界面示例

8. 监测监控

对堤防工程相关的各类监测监控数据实现归档存储，并提供查询和统计分析功能。如水雨情监控数据，以图表化的展现形式提供查询，便于直观掌握堤防的水雨情状况。此外还包括堤防视频监控数据的接入，便于管理人员实时掌握堤防的运行情况，有效保障堤防安全。水雨情监控界面示例见图 9.4 - 7。

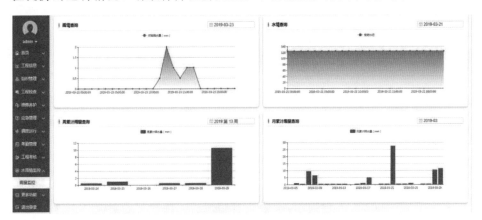

图 9.4 - 7 水雨情监控界面示例

第 10 章

鄱阳湖移动智能管护技术

随着移动终端的迅速发展，智能手机已经渗入到我们生活的各个方面，移动 App 也为水利工作带来了便利。移动 App 可以随时随地处理事务，方便工作，提高工作效率。人们今后的工作生活能够通过手中的移动终端与世界发生各种联系。开展鄱阳湖移动终端应用开发是顺应科技进步的必然趋势。

传统桌面端鄱阳湖管理系统如：鄱阳湖地理信息系统、鄱阳湖生态数据库与信息共享服务云平台、鄱阳湖水利信息三维展示与查询系统、鄱阳湖湖长制智能管护系统、鄱阳湖采砂智能监管系统、鄱阳湖防汛抗旱决策支持系统等，这些系统的建立均为鄱阳湖管理提供了较好的服务。在建立传统桌面端系统的同时，以系统后台功能为驱动，针对移动用户开发适合于手机端的 App，能较好地增加工作的便捷性。目前鄱阳湖管理存在工作数据量大、传统巡查管护工作效率低、巡检养护人员巡检任务难监管、巡检发现的问题处理不及时等问题。研发针对鄱阳湖相关管理单位及个人使用的移动 App，能有效提高监管的自动化水平和监管力度，同时，移动 App 又能更好地面向公众宣传保护鄱阳湖理念。

10.1 开发关键技术

1. 缓存技术

客户端开发的本质就是移动设备和互联网中的 Web 服务器之间进行通信，两者之间的通信通过服务端来获取数据。但是，反复频繁地通过网络获取数据是非常耗时的，尤其是访问量较多的时候，对其性能的影响非常大。对于客户端来说，二级缓存可以降低频繁的网络操作，从而减少流量，提高性能。数据缓存的目的是节省流量、降低其网络访问的频率、提高服务请求的响应速度，从而提升用户体验。数据缓存的方式主要有两种：一种是普通数据缓存，即业务请求返回的 Json 数据字符串；另一种是图片缓存，在本地维护一个 MAP，KEY 值是请求的 URL，VALUE 值是请求的返回结果。对于图片，将图片存储到本地应用的 /.../ImageCaches/目录下，KEY 值就是图片的本地路径。

2. Gson 解析技术

Gson 是谷歌提供的用来在 Java 对象和 Json 数据之间进行映射的 Java 类库。使用 Gson，可以很容易地将一个 Java 对象转换为相应的 Json 数据，或是将一串 Json 数据转换为一个 Java 对象。Android/iOS 客户端与服务器进行数据交互时，常常需要把数据在服务器端进行数据转化，转化成字符串并且在 Android/iOS 客户端对 Json 数据进行解析生成对象。但是用 Json 中的 JsonObject 和 JsonArray 解析相对比较麻烦。而利用 Gson 可以很方便地将数据转换成 Json 字符串，并且能够将其解析成原数据对象。四种常用的数据类型有：JavaBean、List＜JavaBean＞、List＜String＞、List Map＜String，Object＞。通过 Gson 将这些类型数据转换成 Json 字符串的方法都是一样的。Gson gson ＝ new Gson（）；String jsonString ＝gson. toJson（obj）。本书通过对 Gson 类进行封装，更好地处理数据之间的转换，使用起来方便。

3. Socket 通信技术

Android/iOS 客户端与服务器的通信方式分为 HTTP 通信和 Socket 通信。HTTP 通信和 Socket 通信的区别是：HTTP 通信连接使用的是"请求-响应方式"，即在请求时创建连接通道，当 Android/iOS 客户端向服务器发送请求后，服务器端接收到请求才可以向 Android/iOS 客户端返回数据。而 Socket 通信则是在 Android/iOS 客户端与服务器端建立起连接后，就可以直接进行数据的传输，在连接时可实现信息的主动推送，而不需要每次由 Android/iOS 客户端向服务器发送请求。Socket 编程是比较底层的网络编程方式，是建立在其他应用协议的基础之上。Socket 编程的主要特点是数据丢失率低，使用简单并且易于移植。通过创建 Socket 对象，就可以通过打开输入输出流来进行通信。Socket 又称套接字，在程序内部提供了与外界通信的端口，即端口通信。通过建立 Socket 连接，便可为通信双方的数据传输提供通道。

10.2　鄱阳湖移动智能系统架构

鄱阳湖移动智能系统包括鄱阳湖湖长制管护 App（掌上河湖）、鄱阳湖管护公众监督 App、鄱阳湖堤防工程监管 App 和鄱阳湖旱情拍拍 App 等。其均支撑 Android 和 iOS 版本。具体的开发相关信息如下所示。

1. 开发环境

软件开发环境（Software Development Environment，SDE）由软件工具和环境集成机制构成，同时支持软件开发过程、活动和任务，为软件开发、维护、管理和工具集成提供支持。系统的 Android 和 iOS 所需的开发环境，具体开发环境配置见表 10.2-1。

表 10.2-1　　　　　　　　　　Android 和 iOS 开发环境配置

环　　境	Android 配置情况	iOS 配置情况
开发语言	Java	Object-C
操作系统	Windows7	MacOSX
研发平台	3.0 版本及以上的 Android 系统	7.0 版本及以上的 iOS 系统
系统结构	C/S	C/S
开发工具	Eclipse8.0＋SDKl.6＋JDK1.8＋Tomcat8.0	XCode

2. 开发技术

Android 版本客户端使用 Java 语言进行开发，采用 MVP 模式进行设计，结合 Gson 解析技术、数据缓存技术、Socket 通信技术等，使用 SQlite 数据库进行数据存储，Android 客户端采用 MVP＋Dagger2＋Retrofit 的框架技术。iOS 版本客户端使用 Object-C 语言进行开发，采用 MVP 模式进行设计，结合 Gson 解析、数据缓存、HTTP 异步请求、Socket 通信等技术。iOS 客户端网络请求框架采用 AFNetworking、屏幕适配使用 Masonry、图表使用 Charts、富文本使用 YYText、第三方开源框架如 SVProgress HUD、MJExtension、Masonry 等技术。

3. 通信方式

系统服务端软件由应用服务器、数据库服务器和文件服务器组成。系统部署在应用服务器上；客户端和服务器端之间采用 HTTP 协议进行通信，数据格式采用 Json 格式；移动 App 通信网络图如图 10.2-1 所示。

4. 体系结构

为了使智慧鄱阳湖平台能够有较强的可拓展性、易用性及可移植性，采用 SOA 技术的服务器集群部署架构。将所有的业务逻辑处理都在服务器端进行处理，仅在客户端进行数据展示，以完成显示和交互的任务，不进行业务数据处理，提高了系统运行的效率；客户端不直接访问数据库端，通过 WebService 实现数据的分布处理，加强了平台的灵活性，有效地降低了对数据库服务器负载能力的要求。各 App 均由基础数据层、业务支撑层、通信网络层及终端表现层构成，如图 10.2-2 所示。

（1）基础数据层：主要是针对系统运用到的数据建立数据库，为后续的系

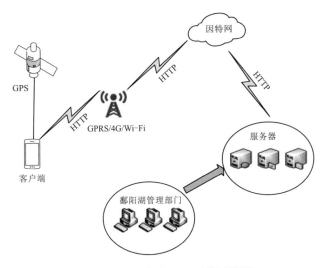

图 10.2-1　移动 App 通信网络图

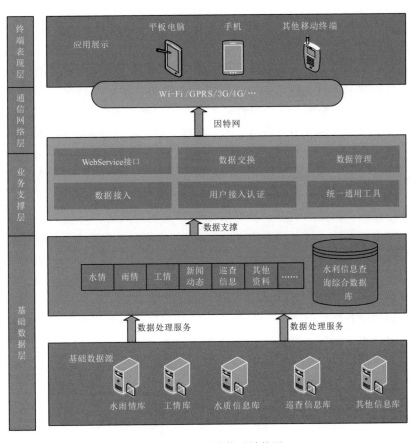

图 10.2-2　系统体系结构图

统提供数据服务。主要是对数据的组织、表结构、数据存储和对象关系的组织，形成一个统一的结构完整的数据库。

（2）业务支撑层：系统的中间层，主要是通过封装组件的方式为系统的业务功能提供通用的、可复用的功能组件。系统通过应用支撑层，根据业务支撑层的功能，提供通用的中间层。业务支撑层主要包括数据交换、数据管理、用户接入认证、统一通用工具等。

（3）通信网络层：是系统之间建立通信的桥梁，可支持 3G、4G 网络或者 Wi-Fi 网络进行通信连接。

（4）终端表现层：用户和系统之间交流的桥梁，它一方面为用户提供了交互的工具，另一方面也为显示和提交数据实现了一定的逻辑，以便协调用户和系统的操作。

10.3　鄱阳湖湖长制管护 App（掌上河湖）

根据江西省实施河湖长制的工作方案，主要任务包括湖泊水域空间管控、湖泊水质监管、湖泊岸线管理保护、湖泊水资源保护、水污染防治、湖泊水环境综合整治、湖泊生态治理和修复，以湖长制专题数据中心、信息化网络、基础设施云为技术支撑系统，开发鄱阳湖区湖长制管护 App，建立鄱阳湖保护管理的长效机制是全面提升湖泊管护工作效率的重要手段。针对鄱阳湖湖长制具体工作要求，为各级湖长及巡查人员量身定制，建成以 Android 和 iOS 系统为依托的两个版本，即手机端的办公一体化软件，以便于各级湖长随时随地进行任务查看、监督考核、信息查询，巡查员可实时上传巡查中发现的问题或情况，对于提升鄱阳湖的管护能力效果显著。

鄱阳湖湖长制管护 App，根据各级河长及管理人员、巡查人员监督管护工作需求进行设计。对于行政管理人员，侧重于河湖信息查询、河湖监控、事件处理及督办等功能。对于巡查人员，主要侧重事件上报和移动巡查功能。

鄱阳湖湖长制管护 App 功能包括基础信息查询、河湖自动监控、视频监控、移动巡查、事件上报和事件督办。

鄱阳湖湖长制管护 App 根据使用人员分为湖长专用版本和巡查员专用版本。针对巡查员的鄱阳湖湖长制管护 App 即掌上河湖行政版（巡查员专用），针对湖长的鄱阳湖湖长制管护 App 即掌上河湖行政版（湖长专用）。具体功能框架如图 10.3-1 所示。

掌上河湖行政版（巡查员专用）的功能主要有基础信息查询、河湖自动监控、视频监控、移动巡查和事件上报五个功能模块。基础信息包含人员、河湖、水利工程、采砂管理、水功能区、排污口和其他责任部门等相关信息。河湖自

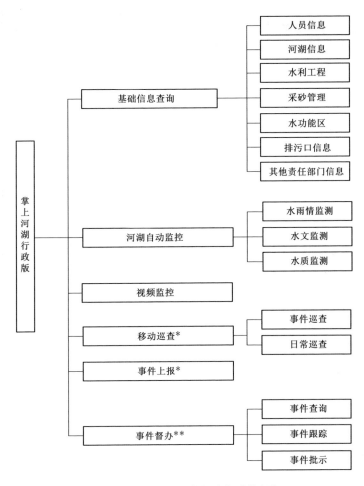

图 10.3-1 掌上河湖行政版功能框架

注：＊为巡查员专用功能模块，＊＊为湖长专用功能模块。

动监控内容有水雨情、水文和水质。事件上报为巡查员提供向上级反映河湖巡查结果和问题功能。移动巡查分为事件巡查和日常巡查。

掌上河湖行政版（湖长专用）的主要功能有基础信息查询、河湖自动监控、视频监控和事件督办。事件督办有事件查询、事件跟踪和事件批示等功能。

（1）基础信息查询。基础信息查询提供人员、河湖、水利工程、采砂管理、水功能区、排污口和相关责任部门等信息。具体功能界面如图 10.3-2 所示。

（2）河湖自动监控。实时监控鄱阳湖区湖道及断面相关信息，监测内容包括水雨情、水文和水质等。河湖自动监控界面如图 10.3-3 所示。

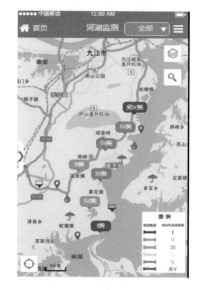

图 10.3-2　基础信息查询界面　　　图 10.3-3　河湖自动监控界面

（3）视频监控。接入河湖实时监控视频信号，提供视频浏览。

（4）移动巡查。移动巡查分为事件巡查和日常巡查。事件巡查根据上级派发的巡查任务执行，日常巡查是巡查员根据日常管护要求执行巡查任务。巡查人员执行巡查任务时，系统自动记录巡查轨迹，以此作为个人管护工作考核评价的依据。移动巡查流程图如图 10.3-4 所示。

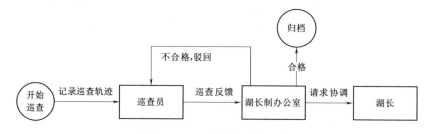

图 10.3-4　移动巡查流程图

巡查员接收到任务后进行巡查任务，系统自动记录巡查轨迹，完成巡查后巡查员将巡查结果提交到湖长制办公室。湖长制办公室人员在 PC 端接收和核实巡查信息，对于有异常情况的巡查结果需湖长协调处理的则上报至湖长，对于巡查结果正常的则进行归档。

（5）事件上报。对于巡查过程中发现的问题，巡查员可以根据需要上报的事件类型、河道信息及需反馈情况，拍摄照片进行上传，并支持自动定位的功能。事件上报界面和上报流程分别如图 10.3-5 和图 10.3-6 所示。

事件上报流程：巡查员接收到任务之后进行巡查，巡查员在巡查过程中发现有异常情况事件需进行上报；湖长制办公室人员在 PC 端系统接收到事件信息，进行核实，根据事件等级划分，对需湖长进行协调处理的则上报至湖长，对一般事件则安排人员进行相应处理，事件处理完成之后进行归档。

（6）事件督办。

1）事件查询。湖长可通过 App 查看待办事件和已完结事件，默认显示待办事件列表，并且按时间降序进行排序，支持搜索和排序的功能。事件督办列表示例和事件处理详情示例分别如图 10.3 - 7 和图 10.3 - 8 所示。

2）事件跟踪：展示事件工作流的处理过程，当前事件所处的环节。

图 10.3 - 5　事件上报界面

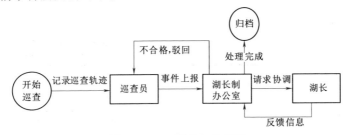

图 10.3 - 6　事件上报流程

图 10.3 - 7　事件督办列表示例

图 10.3 - 8　事件处理详情示例

3）事件批示：湖长对当前事件处理的情况进行批示。

10.4　鄱阳湖管护公众监督 App

通过鄱阳湖管护公众监督 App，加大湖长制管护政策宣传力度，公示湖长制工作动态，构建公众治水、群众监督的沟通平台。系统的建立，提供群众参与河湖环境监督及河湖治理建议渠道，达到完善健全公众参与机制的目标。

鄱阳湖公众监督 App 按展示内容分为湖长篇、监督篇和成效篇。具体展示内容如下。

（1）湖长篇，提供湖长管护相关信息查询，管护人员队伍、治理方案、治水新闻等信息查询。

（2）监督篇，提供公众监督的互动窗口，为公众参与河湖治理提供渠道，允许公众投诉或提供意见和建议。

（3）成效篇，主要展示河湖治理的相关成效，以情况通报和水质月报两种形式展示。

鄱阳湖管护公众监督 App 功能框架如图 10.4 - 1 所示。

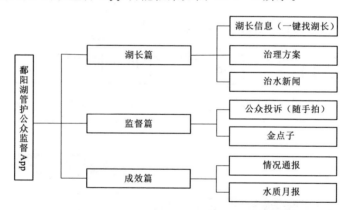

图 10.4 - 1　鄱阳湖管护公众监督 App 功能框架

1．湖长篇

在鄱阳湖管护公众监督 App 中进行湖长制相关政策展示、湖情通报等。公众可根据河湖的名称直接搜索或通过河湖所属行政区划，查询湖长制管护执行情况。主要内容包括：湖长信息（一键找湖长）、治理方案和治水新闻。

（1）湖长信息（一键找湖长），展示各级湖长人员队伍及各级负责人电话等联系方式。公众在遇到水污染事件时，可通过该模块，进行信息反馈。湖长信息示例如图 10.4 - 2 所示。

（2）治理方案，展示河湖管护过程中涉及的治理方案。

（3）治水新闻，展示公共媒体对湖长管护工作的相关报道。

2. 监督篇

（1）公众投诉（随手拍）。通过向公众宣传湖长制河湖管护政策，公众在参与河湖管护过程中，遇到不良的涉水事件时，可通过文字、照片、视频、语音等多种方式通过鄱阳湖管护公众监督 App 进行投诉和举报。随手拍流程图如图 10.4-3所示。

公众发现鄱阳湖河湖问题时，可用手机拍下照片或通过文字或语音的形式进行描述，上报至湖长制办公室。工作人员在 PC 端系统接收到举报信息后，对于一般性问题形成巡查任务逐级派发至乡镇级湖长、村级湖长和巡查员，巡查员进行现场巡查和相应处理，将处理结果逐级反馈至村级湖长、乡镇级湖长和湖长制办公室，

图 10.4-2　湖长信息示例

由湖长制办公室进行归档；对于需要县级以上湖长进行协调的，则上报至县级湖长，由县级湖长进行协调，派发任务，直至问题处理完成，由县湖长制办公室进行归档。随手拍功能界面如图 10.4-4 所示。

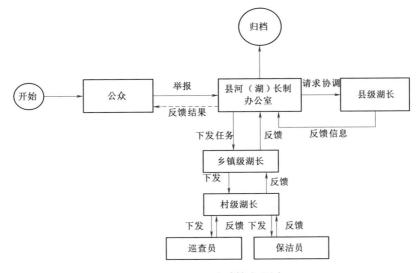

图 10.4-3　随手拍流程图

（2）金点子。为进一步完善湖长管理制度和工作，系统面向公众征集意见和建议，普通百姓可以将自己好的想法和建议反馈到系统中。

3．成效篇

管理工作考核分为情况通报和水质月报两种方式。情况通报展示现场整治行动及成效、管理工作考核结果通报。水质月报展示河流水质监测结果月度情况。

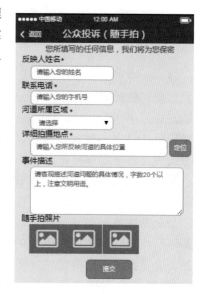

图 10.4-4 随手拍功能界面

10.5 鄱阳湖堤防工程监管 App

研发一套掌上移动鄱阳湖堤防工程监管 App，方便省、市、县三级水行政主管部门用户对堤防工程的移动监管。各级用户可以随时了解管辖区堤防工程运管信息，查询实时水雨情、办理运管事件等，实现鄱阳湖区堤防工程标准化监管办公，提高信息化、自动化水平。

鄱阳湖水利工程监管 App 主要功能包括工程运行监管、待办事件管理、信息预警提醒、工程信息查询、个人信息管理等。鄱阳湖堤防工程监管 App 系统功能框架如图 10.5-1 所示。

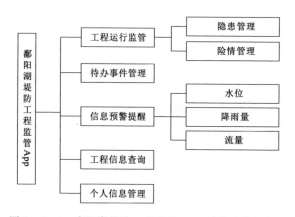

图 10.5-1 鄱阳湖堤防工程监管 App 系统功能框架图

1．工程运行监管

根据用户设置权限，实施堤防工程运行和管理，实现在线监管。

（1）隐患管理：提供堤防工程隐患及异常信息上报、查询和浏览，包含隐患部位、发现时间、隐患描述、处理结果和处置方式等信息，对隐患问题派发整改指令和措施，可以查看隐患处理结果。

（2）险情管理：实现堤防工程的险情及管理信息的查询与展示，包括险情上报、险情处理指令的派发及协调处理过程记录。险情管理信息包括险情发现时间、险情信息、险情描述、险情部位、险情照片、险情抢险方案、险情是否排除、险情处理报告等信息。

2. 待办事件管理

提供各类待处理的事件提醒、待办事件总数统计等。查询待办事件详细信息。根据权限操作，可以对待办事件进行处理。

3. 信息预警提醒

根据用户角色设置不同权限，系统判别提醒信息所匹配的管理人员，各级用户只能查看权限范围之内的水利工程预警提醒信息。分别对每类工程设置预警图标并以不同的图例表示，预警内容根据事情的严重等级程度进行分级，以红、黄、绿三种颜色代表，分别表示紧急情况、一般情况、正常情况，主要预警的内容有水位、降雨量、流量等信息。

4. 工程信息查询

展示堤防工程的基本属性信息，方便用户查看和搜索。其包括工程名称、工程类型、工程所在地、工程等级、工程规模等基础信息，并提供相关列表和图等详细信息展示。

5. 个人信息管理

提供管护人员个人信息包括用户信息设置、缓存清除等功能。用户信息设置可以对头像进行设置和修改，也可以对登录密码、联系方式进行修改等。清除缓存是对系统中运行过程中产生的缓存进行清理。

10.6　鄱阳湖旱情拍拍 App

鄱阳湖旱情拍拍 App 围绕鄱阳湖区域农业旱情巡查等核心任务，建立旱情现场拍照上传系统。系统为乡镇水管站和水库巡查人员提供旱情移动巡查工具，方便巡查员收集和上报旱情信息，补充完善旱情数据库，为 PC 端旱情研判系统提供数据信息，进一步辅助旱情研判。

鄱阳湖旱情拍拍 App 包括巡查基础信息服务、地图展示、巡查拍照、数据上传等功能模块。

旱情巡查业务步骤为：巡查人员到达指点巡查范围后，开启巡查拍照功能；根据对当前田间土壤水量的状况进行土壤水量选择，保存当前数据；并通过该系统将数据上传至服务器,数据上传不成功,则可用数据补传功能。旱情巡查业务流程图见图 10.6-1 所示。

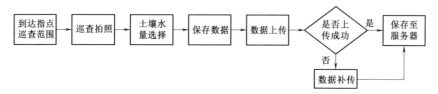

图 10.6-1 旱情巡查业务流程图

鄱阳湖旱情拍拍系统功能结构如图 10.6-2 所示。

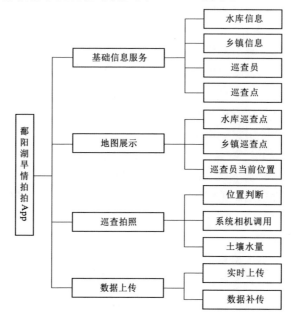

图 10.6-2 鄱阳湖旱情拍拍系统功能结构图

1. 基础信息服务

基础信息服务分为水库信息、乡镇信息、巡查员、巡查点等四类信息查询和选择。具体功能如下所述。

(1)水库信息。提供鄱阳湖区域水库情况查询,按市、县、镇分级查询展示,同时提供按水库名称搜索功能,为水库巡查人员选择巡查对象提供基础数据服务。水库选择示意界面如图 10.6-3 所示。

(2)乡镇信息。按市、县分级查询与展示乡镇信息,可按乡镇名称搜索,为乡镇巡查员选择巡查对应所属行政区划。

(3)巡查员。巡查员分为乡镇巡查员与水库巡查员,每个乡镇或水库仅

图 10.6-3　水库选择示意界面

设置一个巡查员。巡查员基本信息包括姓名、职务、联系电话、所属单位等。

（4）巡查点。巡查点分为乡镇巡查点与水库巡查点，系统每个乡镇设置两个乡镇巡查点（要求两点之间相距 5km），每个水库设置一个巡查点。当巡查人员进入以巡查点为中心 5km 范围内方可启用巡查拍照功能，在未进入巡查范围之前配以文字提示。

2. 地图展示

以地图展示巡查员当前地理位置、巡查目标和巡查范围便于按照系统设定巡查点开展旱情巡查工作。旱情巡查要素在地图上进行展示，如水库巡查点、乡镇巡查点、巡查员当前位置等。地图展示界面示例如图 10.6-4 所示。

3. 巡查拍照

巡查员进入对应的责任巡查范围内时，方可启用巡查拍照功能。对水稻田间土壤进行拍照，拍照完成后对所拍照片中土壤水量进行描述，提供土壤裂缝、土壤干燥、土壤潮湿、土壤积水四个等级。水稻土壤水量选择界面如图 10.6-5 所示。

4. 数据上传

巡查员完成巡查拍照、土壤水量选择后，将旱情信息通过该系统进行上传，上传失败的话则在巡查首页，使用数据补传功能。数据补传界面示例如图 10.6-6 所示。

图 10.6-4　地图展示界面示例　　　图 10.6-5　水稻土壤水量选择界面

图 10.6-6　数据补传界面示例

第 11 章

结 论 与 展 望

11.1　结论

　　智慧湖泊是"智慧城市"的重要组成部分，而鉴于鄱阳湖在区域防汛、抗旱、水热交换、生态环境调节、珍稀物种保育等方面发挥的重要作用和意义，建设一套多尺度、全方位、全天候、快速、自动化的监测、预测预警、评估决策系统和管理系统，并辅助防汛抗旱减灾、水资源、环境保护、水利工程管理、水政执法等多部门决策和管理，提高水利科学、精细、高效管理能力和水平，同时最大限度地调动公众保护鄱阳湖的意识和接受公众监督，对于有效保护鄱阳湖和合理开发利用鄱阳湖资源有着重要的作用和意义。

　　本书围绕鄱阳湖，立足于水利行业，以水利工作需求作为切入点，以服务水旱灾害防御、水资源配置、水环境保护、水利工程管理、水政执法、河湖管护等工作为目的，采用现代信息化核心技术，如大数据、云服务、遥感、物联网、虚拟仿真、水利数值模拟、移动智能、智能决策支持等，探索性地开展了智慧鄱阳湖总体架构、平台网络建设、天空地立体化智能感知、大数据与云计算平台搭建、三维模拟、移动智能应用、智能决策支持、水利数学模型应用、智能管理技术等方面的研究，在鄱阳湖生态环境信息共享、水利信息三维展示、河湖管护、堤防工程监管、防汛抗旱决策支持、洪水风险分析、采砂智能监管、堤防工程标准化运行管理等方面开展了集成和应用研究，在相关部门的工作中获得了较好的应用。本书主要完成的工作有：

　　（1）设计了智慧鄱阳湖的系统架构和网络拓扑结构。设计智能感知、通信网络、数据中心、平台支撑、深度处理、智能应用和服务门户等 7 个层次和信息安全、支撑保障 2 个体系，减少各层次之间的依赖关系，为上层应用提供更好的服务。从智慧鄱阳湖网络安全角度考虑，设计合理的省-市-县三级网络拓扑结构，建立水利专网通信方式，通过 VPN 实现互联网与水利专网的逻辑隔离。

（2）利用遥感、无人机、物联网等技术构建了鄱阳湖天空地立体化智能感知体系。利用遥感技术构建"天基"体系，建立卫星遥感监测网，实现鄱阳湖区的水文、水资源、水生态、水环境等遥感监测；利用无人机等技术构建"空基"体系，实现鄱阳湖区的防汛抗旱、水资源、水生态、水环境等要素监测，对监测的数据进行处理和分析；利用物联网等技术建立"地基"体系，将雨量站、水文站、水位站、流量站、墒情站、蒸发站、水质站、取用水监测站等监测站点监测的数据传输至云平台，通过云平台全面掌握鄱阳湖区各站点数据的变化情况。

（3）探讨了大数据与云平台技术在智慧鄱阳湖建设中的应用。分析了大数据与云平台等先进技术在云平台中的应用，阐述了大数据和云平台环境的搭建方法，并对云平台使用的关键技术进行了研究与分析，根据云服务模式设计了IaaS、DaaS、PaaS、SaaS 四层体系架构，减少基础设施建设，实现信息互联互通、资源共享，提高系统效能。

（4）运用 GIS、VR、三维虚拟仿真、360 度全景和 AR 增强现实等技术建立了鄱阳湖水利信息三维展示与查询系统，实现鄱阳湖湖区水利信息的三维可视化展示、三维场景动态漫游和 360 度全景展示等功能。通过该系统使用户对鄱阳湖区景观和水利信息进行全方位浏览，决策者可在最短的时间内获得鄱阳湖区信息，方便做出快速的判断并采取相应对策。

（5）利用移动互联网、移动智能终端等技术研究开发了相关鄱阳湖移动应用，如鄱阳湖湖长制管护 App、鄱阳湖管护公众监督 App、鄱阳湖堤防工程监管 App 和鄱阳湖旱情拍拍 App。从河湖管护、堤防工程和水旱灾害三个方面分别建立了对应的 App，强化河湖的监管力度，增强公众的参与度，提高工作人员的办事效率，为鄱阳湖的生态保护增加了一道防线。

（6）利用人工智能、智能决策等技术开发了鄱阳湖防汛抗旱智能决策支持系统。建立水利一张图汇集水雨情、气象、防洪工程、防汛应急管理等防汛抗旱相关信息，并对预警、险情信息进行关联和集成推送，建立会商语音、会商指挥和应急处理等功能，根据防汛知识库、旱情知识库研制对应的防汛决策风险分析模型和抗旱决策风险分析模型，科学地计算出相关决策信息为相关决策者提供决策支撑。

（7）利用水利数值模拟技术研究了鄱阳湖洪水风险分析和旱情研判应用。根据水利数值模拟技术在洪水风险分析应用中建立洪水模拟计算模型，对鄱阳湖区的历史洪水模拟计算和设计洪水模拟计算进行研究，根据计算结果进行相应的洪水分析和避洪转移分析，减少相应的洪水影响造成的损失，保障人民生命和财产安全。旱情研判中基于水利数值模拟建立农业旱地研判模型和农业水田分析模型，将旱情研判模型嵌入鄱阳湖区农业干旱监测预测系统中，分别针对旱地和水田采用不同的分析模型，对鄱阳湖区旱情进行预测，有针对性地做好相应的防治措施，提高鄱阳湖区水稻收成，造福鄱阳湖区的百姓。

（8）利用智能管理等技术开发了鄱阳湖智能管理系统，如鄱阳湖湖长制信息管理系统、鄱阳湖采砂智能监管系统和鄱阳湖堤防标准化运行管理信息系统。从河湖管护、水政执法、水利工程三个方面建立了相对应的管理系统，将相关信息纳入系统管理，使相关工作留痕，减少纸质化办公，提高工作人员的办事效率，助推鄱阳湖管理跨入信息化、智能化管理时代。

11.2 展望

鄱阳湖的开发、管理和保护受到来自全球多机构、多部门共同关注，要满足不同机构和个人工作和研究需求，对智慧鄱阳湖建设内容也将提出多样化的需求，因此，智慧鄱阳湖是一项庞大的工程和体系，本书立足部分水利工作需求对智慧鄱阳湖的关键技术进行了初步探讨和应用实践，因作者及其团队能力和时间有限，书中有些内容仍需继续探讨和深入研究，可以从以下几个方面进行完善：

（1）进一步扩展应用领域。近期将进一步完善防汛抗旱、防灾减灾、水利工程建设管理、河湖管护、水政执法、水土保持、水资源、农田水利等方面工作相关监测、模型模拟、预测预警、决策子系统、仿真与展示、管理系统等的设计和建设；远期将扩展至水利系统外，与气象、林业、农业、交通、环境保护、工业、信息、人力资源等政府部门联合，共同打造数据统一、内容较为全面的智慧鄱阳湖。

（2）统一数据结构和成果。对于日益庞大的数据量、数据类型及来自不同机构或部门的同类数据之间可能存在的数据不统一的问题，需要构建一套数据审核和统一机制，使整个智慧鄱阳湖相关子系统之间是可共享的状态，并且采用最为可靠的数据支撑进一步分析和决策。同时，对于多样化的数据需考虑一套可扩展的相对统一的数据结构，以满足不同应用及子系统调用需求。

（3）构建全面数据共享。构建一套数据共享和传输机制，既要保障数据安全，也要充分利用已有成果，为其他机构和个人的研究提供帮助，以此促进和推进鄱阳湖管理工作水平和能力提升。

（4）多数据成果相互验证和模型自适应。对于不同机构或个人的成果，需考虑成果多样性及成果之间的相关性，考虑同类成果之间的互相验证，对采用模拟模型的可根据最佳结果进行模型自适应修正，以提高模型计算精度。

　　总之，智慧鄱阳湖建设将为区域管理提供现代化的管理手段和措施。在完善现有平台的基础上，实现鄱阳湖管理单位与气象、国土、环保等部门之间的信息基础设施共建，信息资源共享，业务协同，打造便捷高效的协同工作模式，显著提高鄱阳湖区域治理与管理的智能化水平。

参 考 文 献

AYAN A，2017. VR 技术的虚拟教学应用研究 [D]. 上海：东华大学.

安睿，2017. 人工智能的应用领域及其未来展望 [J]. 科技经济导刊 (29)：15 - 15.

卞伟玮，王永超，崔立真，等，2017. 基于网络爬虫技术的健康医疗大数据采集整理系统 [J]. 山东大学学报 (医学版)，55 (6)：47 - 55.

蔡其华，2009. 健康长江与生态鄱阳湖 [J]. 人民长江，40 (21)：1 - 4.

蔡阳，2009. 现代信息技术与水利信息化 [J]. 水利水电技术，40 (8)：133 - 138.

蔡志洲，2018. 人民黄河 [M]. 郑州：人民黄河杂志社.

曹宏文，2013. 数字水利到智慧水利的构想 [J]. 测绘标准化 (4)：26 - 29.

常浩，2010. 云计算与网格计算 [J]. 山西电子技术，26 (5)：113 - 115.

陈蓓青，谭德宝，田雪冬，等，2016. 大数据技术在水利行业中的应用探讨 [J]. 长江科学院院报，33 (11)：59 - 62.

陈海山，孙照渤，2004. 陆面模式 CLSM 的设计及性能检验 I 模式设计 [J]. 大气科学 (6)：801 - 819.

陈全，邓倩妮，2009. 云计算及其关键技术 [J]. 计算机应用，29 (9)：2562 - 2567.

陈思宏，2011. Webservices 技术应用浅析 [J]. 计算机光盘软件与应用 (9)：24 - 24.

陈绪，罗显刚，刘家奎，2013. MapGIS 防汛抗旱指挥决策支持系统解决方案 [J]. 中国防汛抗旱 (3)：75 - 77.

陈一民，李启明，马德宜，等，2011. 增强虚拟现实技术研究及其应用 [J]. 上海大学学报 (自然科学版)，17 (4)：412 - 428

陈异晖，2005. 基于 EFDC 模型的滇池水质模拟 [J]. 云南环境科学 (4)：28 - 30，46.

程全英，2017. 基于 RegCM - CLM4. 5 模式的新疆天山西部区域气候模拟适用性研究 [D]. 北京：中国林业科学研究院.

程旺大，赵国平，姚海根，等，2001. 冠层温度在水稻抗旱性基因型筛选中的应用及其测定技术 [J]. 植物学通报，18 (1)：70 - 75.

崔鑫，2010. 海量空间数据的分布式存储管理及并行处理技术研究 [D]. 长沙：中国人民解放军国防科学技术大学.

大连理工大学，国家防汛抗旱总指挥部办公室，1996. 水库防洪预报调度方法及应用 [M]. 北京：中国水利水电出版社.

邓坚，束庆鹏，辛国荣，2000. 防汛指挥决策支持系统建设 [J]. 中国水利 (1)：31 - 32.

杜晓荣，冷建飞，钱壁君，2009. 水利工程应急管理系统研究 [J]. 江西科学，27 (2)：267 - 269.

段勇，方庆，2018. 黄河防凌会商决策支持系统建设 [C]. 2018 (第六届) 中国水利信息化技术论坛.

范承啸，韩俊，熊志军，2009. 无人机遥感技术现状与应用 [J]. 测绘科学，34 (5)：214 - 215.

方东菊，2016. 人工智能研究 [J]. 信息与电脑 (13)：159-159.

方露，2018. 网络安全技术与应用 [M]. 北京：北京大学出版社.

房秉毅，张云勇，陈清金，2011. 云计算环境下统一 SaaS 平台 [J]. 电信网技术 (5)：15-18.

冯启申，朱谈，李彦伟，2010. 地表水水质模型概述 [J]. 安全与环境工程 (2)：4.

冯卫华，2016. 移动网络环境下云计算安全研究 [J]. 电子制作 (3-5)：43，69.

付成伟，李红宇，2004. 防汛会商决策支持系统实现方法 [J]. 测绘科学，29 (3)：30-32.

付华峥，陈翀，向勇，等，2015. 分布式大数据采集关键技术研究与实现 [J]. 广东通信技术，35 (10)：7-10.

甘甫平，陈伟涛，张绪教，等，2006. 热红外遥感反演陆地表面温度研究进展 [J]. 国土资源遥感 (1)：6

高俊，熊淑云，2016. 分布处理计算机系统研究 [J]. 现代工业经济和信息化，6 (3)：81-82.

龚健雅，2004. 当代地理信息系统进展综述 [J]. 测绘与空间地理信息，27 (1)：5-11.

龚琪慧，刘伟，李坤，等，2015. 基于大数据的水利数据中心建设 [C]. 大数据时代的信息化建设—2015 (第三届) 中国水利信息化与数字水利技术论坛论文集.

龚清莲，2016. QUAL2K 水质模型参数的不确定性研究 [D]. 成都：西南交通大学.

苟娇娇，2018. 基于 RegCM-CLM 模式的植被覆盖变化对中国区域气候的影响 [D]. 杨凌：中国科学院大学 (中国科学院教育部水土保持与生态环境研究中心).

官巍，蔡晓琳，陈海，2006. 细节层次技术在场景建模中的应用 [J]. 系统仿真学报，18 (S2)：427-429.

管天云，侯春华，2014. 大数据技术在智能管道海量数据分析与挖掘中的应用 [J]. 现代电信科技，(Z1)：71-79.

郭东明，王教河，2000. 对防汛决策支持系统建设的总体思路 [J]. 东北水利水电 (10)：40-42.

郭戈，胡征峰，董江辉，2003. 移动机器人导航与定位技术 [J]. 微计算机信息，19 (8)：10-11.

郭怡，2018. 分布式水文模型在小流域开发治理规划中的应用 [D]. 保定：河北农业大学.

郭媛，毛琦，陈小天，等，2014. 干涉条纹快速加窗傅里叶滤波方法的研究 [J]. 光学学报，34 (6)：151-155.

韩杰，2008. 无人机遥感国土资源快速监察系统关键技术研究 [J]. 测绘通报 (2)：4.

韩玉会，2017. IOS 架构下的应用程序开发研究 [J]. 西安文理学院学报 (自然科学版)，20 (2)：34-36.

胡宝，2008. 数字地面模型 (DTM) 在公路路线方案拟定中的应用 [J]. 交通世界：建养，163 (1)：96-97.

胡梅，2008. 江西省干旱及其对粮食生产的影响遥感研究 [D]. 南昌：江西师范大学.

胡振鹏，2008. 永远保持鄱阳湖一湖清水 [J]. 长江流域资源与环境，17 (2)：164-165.

黄河勘测规划设计有限公司，2016. 白塔河余江县城段洪水风险图编制成果报告：成果报告 [R]. 郑州：黄河勘测规划设计有限公司.

黄明，余达征，2000. 防洪调度智能决策支持系统的研究现状及问题 [J]. 人民黄河，22 (1)：5-7.

黄诗峰，2013．遥感技术在水利上的应用［J］．高科技与产业化，9（11）：62－66．

黄忠佳，2014．对水利大数据价值提升的几点思考［J］．水利发展研究，14（5）：35－37．

霍宏涛，2002．数字图像处理［M］．北京：北京理工大学出版社，50－62．

姬晓辉，张海川，2002．基于智能决策支持系统的城市（镇）供水项目管理应用研究［J］．中国农村水利水电（11）：29－33．

纪凌，谈良，2014．计算机安全管理及其在现代通信中的运用探究［J］．电子技术与软件工程（2）：241－241．

纪希禹，韩秋明，李微，等，2009．数据挖掘技术应用实例［M］．北京：机械工业出版社．

冀汶莉，李向军，陈夏玉，2014．基于云计算 SaaS 应用软件开发模式研究［J］．微电子学与计算机（7）：137－141．

姜碧慧，2016．PLC 与 GSM 网络在排涝泵站液位远程监控系统中的应用［J］．科技创新与应用（11）：46－47．

金树权，2008．水库水源地水质模拟预测与不确定性分析［D］．杭州：浙江大学．

金伟，葛宏立，杜华强，等，2009．无人机遥感发展与应用概况［J］．遥感信息（1）：88－92．

金雯婷，张松，2014．互联网大数据采集与处理的关键技术研究［J］．中国金融电脑（11）：70－73．

Kenneth R，Castleman，2002．数字图像处理［M］．朱志刚，林学闾，石定机，等，译．北京：电子工业出版社，385－393．

匡昭敏，2007．基于 EOS/MODIS 卫星数据的甘蔗干旱遥感监测模型及其应用研究［D］．南京：南京信息工程大学．

雷声．2020 年鄱阳湖洪水回顾与思考［J］．水资源保护，2021，37（6）：7－12．

雷声，全智平，王能耕，2023．2022 年江西省极端干旱回顾与思考［J］．中国防汛抗旱，33（4）：1－6．

雷声，石莎，屈艳萍，等，2023．2022 年鄱阳湖流域特大干旱特征及未来应对启示［J］．水利学报，54（3）：333－346．

雷声，孙东亚，万国勇，等，2021．鄱阳湖圩堤风险评估与应急抢险技术［J］．江西水利科技，47（2）：122－129．

雷声，张秀平，许新发，2010．基于遥感技术的鄱阳湖水体面积及容积动态监测与分析［J］．水利水电技术，41（11）：83－86．

雷声，张秀平，袁晓峰，等，2021．鄱阳湖单退圩实践与思考［J］．水利学报，52（5）：546－555．

黎宏剑，刘恒，黄广文，等，2012．基于 Hadoop 的海量电信数据云计算平台研究［J］．电信科学，28（8）：80－85．

李超德，2016．大数据、人工智能与设计未来［J］．美术观察（10）：4－6．

李德仁，姚远，邵振峰，2012．智慧城市的概念、支撑技术及应用［J］．工程研究-跨学科视野中的工程，4（4）：313－323．

李峰，蔡碧野，陈志坚，2003．一种基于纹理的图像分割方法［J］．计算技术与自动化，22（2）：18－20．

李凤保，刘金，古天祥，2002．网络化传感器技术研究［J］．传感器与微系统，21（7）：

62-64.

李辉，李长安，张利华，等，2008. 基于 MODIS 影像的鄱阳湖湖面积与水位关系研究 [J]. 第四纪研究，28（2）：332-336.

李纪人，2008. 水库库容和湖泊蓄水量的动态监测 [R]. 3S 技术在水利行业中的应用，北京：207-215.

李禄，2015. 抗旱指挥决策支持系统技术研究与应用 [J]. 水利规划与设计（4）：11-13.

李坡，吴彤，匡兴华，2011. 物联网技术及其应用 [J]. 国防科技，32（1）：18-22.

李婷，2012. 移动智能终端技术产业发展要素 [J]. 信息通信技术，6（4）：7-11.

李延兴，徐宝祥，胡新康，等，2001. 应用地基 GPS 技术遥感大气柱水汽量的试验研究 [J]. 应用气象学报，12（1）：61-69.

李振星，2012. GIS 信息可视化关键技术研究及应用 [D]. 青岛：青岛大学.

李中标，2017. 基于防汛会商决策支持系统的开发工作研究 [J]. 黑龙江水利科技，45（3）：160-162.

梁俊，王琪，刘坤良，等，2005. 基于随机中点位移法的三维地形模拟 [J]. 计算机仿真，22（1）：213-215.

廖静娟，沈国状，2008. 基于多极化 SAR 图像的鄱阳湖湿地地表淹没状况动态变化分析 [J]. 遥感技术与应用，23（4）：373-376.

林兰芬，于鹏华，李泽洋，2015. 基于聚类的农产品流通物联网感知数据时空可视化技术 [J]. 农业工程学报，31（3）：228-235.

刘鸿雁，李晓丹，2011. 水利数学模型在北引渠首拦河闸坝设计水位中的应用 [J]. 黑龙江水利科技，39（2）：94-95.

刘路，2012. 基于水质模型的区域污染控制研究 [D]. 上海：东华大学.

刘明吉，王秀峰，黄亚楼，2000. 数据挖掘中的数据预处理 [J]. 计算机科学，27（4）：54-57.

刘巍，2012. 水环境数学模型探析 [J]. 东北水利水电，30（3）：1-3.

刘喜武，刘艳芳，孙素芳，2008. 虚拟现实与仿真技术在水利工程施工中的应用 [J]. 河南水利与南水北调（10）：45-47.

刘小刚，2013. 国外大数据产业的发展及启示 [J]. 金融经济（18）：224-226.

楼跃忠，申世国，2016. 3S 技术在水利工程测量中的应用 [J]. 内蒙古水利（7）：61-62.

闵骞，刘影，2006. 鄱阳湖水面蒸发量的计算与变化趋势分析（1995—2004 年）[J]. 湖泊科学，18（5）：452-457.

莫明浩，毛建华，梁淑荣，2007. 基于 RS 与 GIS 的鄱阳湖典型湿地覆盖变化及生态环境保护 [J]. 地球科学与环境学报，29（2）：210-213.

穆瑞辉，付欢，2012. 浅析数据挖掘概念与技术 [J]. 管理学刊，21（3）：105-106.

彭映辉，简永兴，李仁东，2003. 鄱阳湖平原湖泊水生植物群落的多样性 [J]. 中国林学院学报，23（4）：22-27.

鄱阳湖研究编委会，1988. 鄱阳湖研究 [M]. 上海：上海科学技术出版社.

任冲，2016. 中高分辨率遥感影像森林类型精细分类与森林资源变化监测技术研究 [D]. 北京：中国林业科学研究院.

施侃侃，2007. 虚拟现实技术 [J]. 河北职业教育，3（7）：46-47.

史旭，周扬，2009. 汶川地震堰塞湖的雷达遥感识别研究 [J]. 水电能源科学，27（5）：

65－68.

水利部长江水利委员会，2011. 鄱阳湖区综合规划［R］. 武汉：水利部长江水利委员会.

孙继昌，2004. 太湖流域水资源科学调度和优化配置的实践与探索［J］. 中国水利（2）：39－42.

孙健，赵平，2003. 用 WRF 与 MM5 模拟 1998 年三次暴雨过程的对比分析［J］. 气象学
 报（6）：692－701.

孙宁海，于静，冯国红，2015. 新时期防汛抗旱指挥决策探讨［J］. 山东水利（6）：3－6.

孙伟龙，2011. 基于 IaaS 云计算的 Web 应用技术研究［D］. 南京：南京理工大学.

孙小礼，2000. 数字地球与数字中国［J］. 科学学研究，18（4）：20－24.

覃志豪，高懋芳，秦晓敏，等，2005. 农业旱灾监测中的地表温度遥感反演方法——以
 MODIS 数据为例［J］. 自然灾害学报，14（4）：64－71.

谭德宝，刘良明，鄢俊洁，等，2004. MODIS 数据的干旱监测模型研究［J］. 长江科学院
 学报，21（3）：11－15.

唐小平，黄桂林，2003. 中国湿地分类系统的研究［J］. 中国林学院学报，16（5）：51－55.

唐燕，卢通，丁宁，2014. 水利信息系统应急预案编制方法研究［J］. 水利信息化（1）：
 47－53.

陶福贵，陈帮鹏，2014. 物联网体系结构及相关技术研究［J］. 电脑知识与技术（20）：
 4939－4940.

仝培杰，1998. "数字地球"的综述［J］. 地球信息科学学报（Z1）：67－70.

万中英，钟茂生，吴福英，2004. 鄱阳湖区洪涝灾害遥感动态监测系统设计与实现［J］.
 计算机工程与应用，40（8）：229－232.

王浩宇，2017. "无人超市"的自动识别技术［J］. 电子技术与软件工程（19）：80－80.

王建，2005. 防汛会商决策支持系统研究与实现［D］. 哈尔滨：哈尔滨工程大学.

王建新，杨世凤，史永江，等，2005. 远程监控技术的发展现状和趋势［J］. 国外电子测
 量技术，24（4）：9－12.

王乐，2018. 陆面过程及地表覆盖对中国地区区域气候变化模拟的影响评估［D］. 南京：
 南京大学.

王玲玲，2018. 物联网的关键技术及应用［J］. 科技创新与应用，235（15）：167－168.

王璐宁，2016. 基于水力学模型的丹东城市防洪风险分析研究［D］. 大连：大连理工大学.

王倩，2016. 云计算中服务器虚拟化技术解析［J］. 电子技术与软件工程（19）：36－36.

王清正，2017. 碧流河水库防洪调度研究及其应用［D］. 大连：大连理工大学.

王绍武，2018. 大气强迫数据和土壤质地对陆面模式土壤湿度模拟的影响研究［D］. 南京：
 南京信息工程大学.

王双平，王艳，2016. 江西省丰城市防汛抗旱决策支持系统应用与思考［J］. 黑龙江水利
 科技，44（11）：132－134.

王伟，2014. 网络数据采集［J］. 电子制作（6x）：173－174.

王旭，徐永花，李莉，2007. 遥感技术在环境科学领域的应用及其发展趋势［J］. 地下水，
 29（3）：69－71.

王玉琴，2014. 武汉市"智慧湖泊"综合效益分析［J］. 武汉勘察设计（2）：88－88.

吴成东，许可，韩中华，等，2006. 基于粗糙集和决策树的数据挖掘方法［J］. 东北大学
 学报（自然科学版），27（5）：481－484.

吴健平，张立，2003. 卫星遥感技术在城市规划中的应用［J］. 遥感技术与应用，18（1）：

52 - 56.

吴捷，施彦媛，2013. 一种新型集群路由器智能管理技术的研究 [J]. 通信技术（8）：65 - 67.

吴信才，白玉琪，郭玲玲，2000. 地理信息系统（GIS）发展现状及展望 [J]. 计算机工程与应用，36（4）：8 - 9.

吴杨，2018. 基于 WRF - Noah 陆面模式的蒙古高原土壤水热耦合模拟 [D]. 呼和浩特：内蒙古大学.

夏靖波，韦泽鲲，付凯，等，2016. 云计算中 Hadoop 技术研究与应用综述 [J]. 计算机科学，43（11）：6 - 11.

项慧慧，2012. 浅谈泊松分布及其应用 [J]. 学周刊（10）：205 - 205.

肖魁，2011. 基于 InfoWorksRS 的鄱阳湖洲滩水情变化分析 [D]. 武汉：长江科学院.

肖伟平，何宏，2006. 基于遗传算法的数据挖掘方法及应用 [J]. 哈尔滨工程大学学报，24（S1）：384 - 388.

谢敏，谢元鉴，2013. 江西省水利地理信息共享服务平台建设的思考 [J]. 水利信息化（2）：25 - 28.

谢意一，2016. 360 度全景技术在校园展示中的应用探讨 [J]. 科技传播，8（12）：2.

徐建新，张巧利，雷宏军，2013. 基于情景分析的城市湖泊流域社会经济优化发展研究 [J]. 环境工程技术学报，3（2）：138 - 146.

徐同仁，刘绍民，秦军，等，2009. 同化 MODIS 温度产品估算地表水热通量 [J]. 遥感学报，13（6）：999 - 1009.

徐泽平，2003. 现代防汛指挥决策支持系统中的堤防工程安全评估 [C]. 全国水力学与水利信息学学术大会.

许小华，张秀平，雷声，2010. 基于 MODIS 数据的江西省农业旱情遥感监测方法研究 [J]. 江西水利科技，36（3）：176 - 181.

薛红，王拉省，2008. 分数布朗运动环境中最值期权定价 [J]. 工程数学学报，25（5）：843 - 850.

阎俊爱，2006. 基于 GIS 城市智能型防洪减灾决策支持系统研究 [J]. 水利水电技术，37（8）：77 - 79.

杨波，石磊，吴茂献，2005. 组件式 WebGIS 研究 [J]. 电脑知识与技术（5）：64 - 65.

杨存建，周成虎，2001. 利用 RADARSATSWASAR 和 LANDSATTM 的互补信息确定洪水水体范围 [J]. 自然灾害学报，10（3）：43 - 50.

杨存建，周成虎，陈德清，等，2000. 洪水灾害快速评估的 2S 方法 [J]. 自然灾害学报，9（2）：139 - 143.

杨德麟，1998. 数字地面模型 [J]. 测绘通报（3）：37 - 38.

杨涛，刘锦德，2004. WebServices 技术综述——一种面向服务的分布式计算模式 [J]. 计算机应用，24（8）：1 - 4.

杨文颢，赵震，余德泉，等，2005. 基于智能决策支持技术的冲模设计系统研究与实现 [J]. 锻压装备与制造技术，40（5）：92 - 95.

杨振舰，2012. 可视化数据挖掘技术在城市地下空间 GIS 中的应用研究 [D]. 天津：河北工业大学.

杨智翔，柯劲松，周航宇，2016. 鄱阳湖水利工程地理信息系统研究 [J]. 东华理工大学学报：自然科学版（S1）：47-50.

尹洁，陈双溪，陈建萍，等，2006. 夏季干旱逐日动态监测指数研究 [J]. 气象与减灾研究，29（2）：39-42

尹洁，张传江，张超美，等，2003. 江西省 2003 年夏季罕见高温气候特征及成因分析 [J]. 江西气象科技，26（4）：19-22.

余达征，索丽生，史金松，2000. 模型库技术及其在防洪调度智能决策支持系统（FC-DIDSS）中的应用研究 [J]. 水文，20（4）：9-12.

余建杰，2007. 基于 TM 遥感影像的鄱阳湖湿地分类研究 [J]. 江西农业学报，19（12）：93-94.

余欣，寇怀忠，王万战，2012. 流域数学模拟系统发展方向及关键技术 [J]. 水利水运工程学报（1）：5-12.

曾凡斌，2013. 大数据：一场管理革命 [J]. 中国传媒科技（1）：68-70.

曾露，2016. MVP 模式在 Android 中的应用研究 [J]. 软件，37（6）：75-78.

张锋军，2014. 大数据技术研究综述 [J]. 通信技术（11）：1240-1248.

张娜，2013. Android 系统架构研究与应用 [D]. 西安：西安科技大学.

张妮，徐文尚，王文文，2009. 人工智能技术发展及应用研究综述 [J]. 煤矿机械，30（2）：4-7.

张书，2014. 基于 Hadoop 平台的大数据预处理关键技术研究与实现 [D]. 长沙：中国人民解放军国防科学技术大学.

张应福，2010. 物联网技术与应用 [J]. 通信与信息技术（1）：50-53.

张占龙，罗辞，何为，2005. 虚拟现实技术概述 [J]. 计算机仿真，22（3）：1-3.

赵建宁，2010. 鄱阳湖滨湖地区土地整理项目综合效益评价 [J]. 资源与产业，12（4）：154-162.

赵其国，黄国勤，钱海燕，2007. 鄱阳湖生态环境与可持续发展 [J]. 土壤学报，44（2）：318-326.

赵勇，翟家齐，蒋桂芹，2017. 干旱驱动机制与模拟评估 [M]. 北京：科学出版社.

郑灿堂，王庆华，张洪芳，2012. 浅谈"智慧水利" [J]. 山东水利（7）：1-3.

郑莉，2016. 大数据与计算机教育 [J]. 计算机教育（2）：11-19.

郑伟，刘闯，曹云刚，等，2007. 基于 Asar 与 TM 图像的洪水淹没范围提取 [J]. 测绘科学，32（5）：180-181.

周峰，2016. 大数据背景下档案利用研究与实践 [J]. 中国档案（9）：70-71.

周剑，张明新，2012. 云计算平台即服务 PaaS 架构研究与设计 [J]. 常熟理工学院学报，26（8）：85-88.

朱斌，曹漫祥，2007. VR 技术及其在现代教学中的应用 [J]. 中国教育信息化（5S）：62-64.

朱焕焕，2017. 新一代互联网技术——VR 技术打开农业创新发展的新思路 [J]. 蔬菜（10）：1-6.

朱小妮，赵继东，邵玉斌，等，2017. 适用"互联网＋"的洱海流域监察移动执法系统的设计与实现 [J]. 计算机测量与控制，25（9）：115-117.

朱小祥，刘瑞霞，2004. 卫星资料在干旱监测中的应用研究 [J]. 海洋科学进展，22（增刊）：8-15.

邹宁，柳健，周曼丽，1999. 基于分形的地形分类技术及其在导航中的应用 [J]. 华中科技大学学报（自然科学版），27（5）：3-5.

ANDERSON M C, NORMAN J M, DIAK G R, et al, 1997. A two-source time-integrated model for estimating surface fluxes using thermal infrared remote sensing [J]. Remote Sensing of Environment, 60（2）：195-216.

ANDERSON M C, NORMAN J M, MECIKALSKI J R, et al, 2007. A climatological study of evapotranspiration and moisture stress across the continental United States based on thermal remote sensing 1. Model formulation [J]. Journal of Geophysical Research, 112（D10）：117-129.

BASTIAANSSEN W G M, NOORDMAN E J M, PELGRUM H D, et al, 2005. SEBAL model with remotely sensed data to improve water-resources management under actual field conditions [J]. ASCE Journal of Irrigation and Drainage Engineering, 131（1）：85-93.

BASTIAANSSEN W G M, PELGRUM H, WANG J, et al, 1998. A remote sensing surface energy balance algorithm for land (SEBAL)-2. Validation [J]. Journal of Hydrology, 212/213（1/4）：213-229.

BASTIAANSSEN W G M, 2000. SEBAL-based sensible and latent heat fluxes in the irrigated gediz basin, turkey [J]. Journal of Hydrology, 229（1/2）：87-100.

CARLSON T N, CAPEHART W J, GILLIES R R, 1995. A new look at the simpli fied method for remote sensing of daily evapotranspiration [J]. Remote Sensing of Environment, 54（2）：161-167.

IDSO S B, REGINATO R J, JACKSON R D, 1977. An equation for potential evaporation from soil, water and crop surfaces adaptable to use by remote sensing [J]. Geophysical Research Letters, 4（5）：187-188.

JACKSON R D, REGINATO R J, IDSO S B, 1977. Wheat canopy temperature: a practical tool for evaluating water requirements [J]. Water Resource Research, 13（3）：651-656.

JIANG L, ISLAM S, 2003. An intercomparison of regional latent heat flux estimation using remote sensing data [J]. International Journal of Remote Sensing, 24（11）：2221-2236.

KOGAN F N, 1995. Applieation of vegetation index and brightness temperature on drought detection [J]. Advances in Space Researeh, 15（11）：91-100.

KOGAN F N, 1990. Remote sensing of weather impacts on vegetation in no-homogenous [J]. International Journal of Remote Sensing, 11（8）：1405-1419.

LAMBIN E F, EHRLICH D, 1996. The surface temperature-vegetation index space for land cover and land-cover change analysis [J]. International Journal of Remote Sensing, 17（3）：463-487.

LIU W, KOGAN F N, 1996. Monitoring regional drought using the vegetation condition index [J]. International Journal of Remote Sensing,（17）：2761-2782.

MORAN M S, CLARKE T R, INOUE Y, et al, 1994. Estimating crop water deficit using the relation between surface-air temperature and spectral vegetation index [J]. Remote Sensing of Environment, 49（3）：246-263.

NORMAN J M, KUSTAS W P, HUMES K S, 1995. Source approach for estimating soil

206

and vegetation energy fluxes in observations of directional radiometric surface temperature [J]. Agricultural and Forest Meteorology, 77 (3/4) : 263 – 293.

QIN Z, DALLOLMO G, KAMIELI A, et al, 2001. Derivation of split window algorithm and its sensitivity analysis for retrieving landsurface temperature from NOAA – AVHRR data [J]. Journal of Geophysieal Researeh, 106 (D19): 22655 – 22670.

SCHMUGGE T J, KUSTAS W P, RITCHIE J C, et al, 2002. Remote sensing in hydrology [J]. Advances in Water Resources, 25 (8 /12) : 1367 – 1385.

SEGUIN B, ITIER B, 1983. Using midday surface temperature to estimate daily evaporation from satellite thermal IR data [J]. International Journal of Remote Sensing, 4 (2) : 371 – 383.

SHARMA P K, CHOPRA R, VERMA V K, et al, 1996. Flood management using remote sensing technology: The Punjab (India) experience [J]. International Journal of Remote Sensing. 17 (17): 3511 – 3521.

SHUTTLEWORTH W J, GURNEY R J, 1990. The theoretical relationship between foliage temperature and canopy resistance in sparse crop [J]. Quarterly Journal of Royal Meteorological Society, 116 (492) : 497 – 519.

TASUMI M, ALLEN R G, 2007. Satellite – based ET mapping to assess variation in ET with timing of crop development [J]. Agricultural Water Management, 88 (1 /3) : 54 – 62.

TSUMOTO S, 2000. Knowledge discovery in clinical databases and evaluation of discovered knowledge in outpatient clinic [J]. Information Sciences, 124 (1 – 4): 125 – 137.

WIEBE A J, COLLINS M, PRETRONIRO A, 1998. Radasat flood mapping in the peace – athabasca delta Canada [J]. Canadian Journal of Remote Sensing, 24 (1): 69 – 79.

WILLIAM K. PRATT, 2001. Digital Image Processing [M]. New York: John Wiley and Sons, Inc: 551 – 581

ZHANG L, LEMEUR R, GOUTORBE J P, 1995. A One – layer resistance model for estimating regional evapotranspiration using remote sensing data [J]. Agricultural and Forest Meteorology, 77 (3/4) : 241 – 261.